高雄・人文・旅遊與美食

我和我家附近的
菜市場

菜市場，文字記

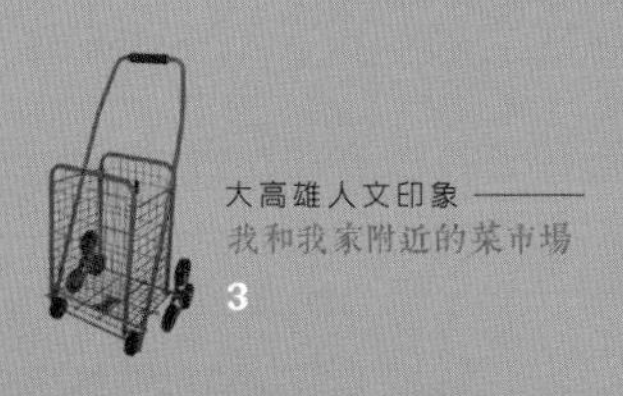

菜市場，圖文記

圖繪菜市場。

市長序

潮來潮往的菜市場人生

菜市場，充滿許多生活所需美好的視覺，觸覺，味覺經驗及幻想靈感。自古以來是人類進行謀生交易的場所，也是滿足民眾生活基本需求的重要場域，不論文明的差異，生活水準高低與否，凡是有人類聚居生存的地方，就會有市集的產生。

菜市場是最普遍的商業活動區，也是日常雜貨攤販的集中場。高雄市菜市場散佈在各個行政區，縣市合併之後，都會與農村、山林、漁村的菜市場更是展現了多元崢嶸的面貌與生命力！人潮、車潮熱鬧滾滾，菜市場內，攤位五花八門各類蔬菜、四時水果、雞鴨鵝肉、牛羊豬肉、海鮮魚貝、麵飯、滷味、衣飾日用品、鮮花、糕餅、五金雜貨等等攤位無奇不有，再加上各種食物所散發出來的氣味，真可以做百味雜陳。無論是傳統市場及攤販集中區，或超級市場或是因應養生概念衍生的有機農夫市集在在都讓高雄常民生活饒富生趣。

本書邀集了四十五位高雄圖文作家，以作家和其附近的菜市場為書寫場域，內容在於介紹菜市場的文化歷史、美食小吃及精華景點，特別之處在於透過四十五位圖文作家的描寫，或以文學作家的美味記憶，或以圖畫家的五彩繽紛；遊子的記憶、旅遊達人的觀點來看菜市場，每一座菜市場都深沈潛在著作家的記憶旅程和城市的遷徒。

四十五位高雄圖文作家涵括了老、中、青不同的年齡，菜市場在他們的印象中也呈現了不

同的風貌底蘊。循著他們的目光，菜市場的面貌如百樣人生：有五味雜陳的憶往塵事、有市井底層勞動的晃蕩：時而隨著季節地域紛沓、時而本土味十足。菜市場，是豐沛人情匯集的遊藝場，是美味與空間關係的大迷宮，只要一跳進這個萬花筒便可要玩出與衆不同的況味！

菜市場的演變不但具有常民生活豐富文化意義也凸顯文明社會變遷的價值，本書由熟悉高雄生活場域的圖文作家就個人菜市場經驗與生活步調及主張來表達菜市場樣態及在地飲食文化；無論是市集空間的場域生態、時令蔬食的人情百態，或是滾動了數十年爐火的小吃美食……小販高分貝的叫賣聲，主婦買賣討價聲，夾雜著汽、機車的喇叭聲；一波波聲浪的隨著歲月腳步挪移，也張揚交織出一張高雄獨特的菜市場地圖——是高雄市三十八個行政區兩百七十餘萬住民的民生資源會場，也是吸引各地慕名而來觀光客的閒逛天地。

透過作家庶民生活的長鏡頭，文學的書寫，本書可看到五花八門各類的菜市場樣態及作家創作語彙的美學內涵，鏡頭裡有常民生活裡生猛活跳的記憶往事及懷鄉念情的飲食文化習性脈絡。菜市場加以文學的桂冠，讓它有了美學的高度。

高雄菜市場是集合了所有關於在地歷史、飲食文化等等常民生活的好地方，也是一個融合了生活美、創意以及學習的多層次的生活空間，歡迎大家拿著這本書與我們的圖文作家一起去逛菜市場，悠遊在這個迷人的城市，體會菜市場風華魅力。

高雄市長

陳菊

局長序

常民生命力的百態書寫

菜市場，是生活百態的縮影。高雄菜市場從都會到鄉鎮，貫穿山林到海岸散佈在巷弄行道，供應大高雄各生活階層每日所需。四時水果、山珍海味、生鮮魚貨，一應俱全食味十足！內容還涵蓋成衣、五金、化妝品、金飾品、小吃店……百味雜陳。經營時間更是從清晨到黃昏，乃至燈火闌珊午夜場的菜市場二十四小時不打烊各自林立，人來人往，是常民生命力展現無遺的場所，更是這個城市飲食文化，生活型態品味的指標。

地區型菜市場，型態各一

菜市場是家庭主婦們的購物天堂，也是年節宴客辦桌採購食材的供給站，是家人互動兒時成長的記憶，也是鄰里巷弄人情交融的時空映景。得過百萬小說獎作家凌煙親自掌廚宴請文壇好友，據聞還得花兩天的時間，跑了四個市場，橫跨大半個高雄市，採買食材才完成〈野宴採買地圖〉。

漁港起家的海味菜市場

捕撈及養殖漁業水產品生鮮活蹦，是高雄最「鱻」市場；賣「現流仔」鱻貨是謝榮祥〈旗津「鱻」市場〉正港的在地飲食書寫，字裡行間充滿了鱻味。郭桂玲〈走進興達港觀光漁市的歡愉時光〉觀光漁市就地採買鮮味十足。黃含〈魚市，興達港開始放暑假了〉有著一家人相互取暖的感動滋味……更道出漁家以大海為生鮮市場得天獨厚的福利。

農野山林的田庄菜市場

田庄山居的住民靠山吃山。鍾永豐〈龍肚庄〉反映了庄頭特殊的人文社會性質，農業夥房合院家族糧食自給自足，蔬菜副食，隨四季變換；果樹通常繞著屋子種，雞寮與豬欄，半月池裡都是現採現撈隨手可得的菜市仔。

親情、成長記憶與鄉愁菜市場

王希成〈來去金獅湖菜市仔〉源於童年和母親、祖母到傳統市場買菜的記憶，方耀乾菜市仔的經驗是跟母親有關，他寫著對故鄉的菜市到岡山的羊肉店的到味。郭正偉〈大人不在的黃昏〉道出當時只是一群很餓的國中生，像海嘯一樣，洶湧於放課後，老師、主任、爸爸、媽媽都不在的黃昏裡，湧向學校旁邊的黃昏市場。成群結夥跟著市場裡買菜的人群一起移動，握著手裡的一點零用錢貪心覓食。徐嘉澤〈記興隆街的不夜城〉描寫居住的附近就有處地方美食林立，伴著他一路長大，那些老味道裡藏著許多家人相處舊時回憶吃食時光。陌上塵〈失落的鄉愁〉透過菜市場寫出老一輩五甲人的共同記憶。李志薔談鼓山內惟的黃昏市場是他最精采的童少時光，作家生靈活現的描寫內惟黃昏市場是一場童少最華麗的探險。小時候蔣耀賢經常赤腳跟著阿母或姐姐享受逛〈橋仔頭菜市場〉樂趣，於是菜市仔的記憶除了迷人的熟食味道和光鮮食蔬還多了一份擺脫不掉的黏膩感。潘弘輝小時最喜歡跟媽媽去菜市場，〈吃吃戀戀在小港〉成了他神祕腹腸裡的奇異幻想。

陳正傑〈阿嬤的菜市場地圖〉一文提到阿嬤是家裡的總鋪師，記憶中廚房裡總是熱氣騰騰，切菜剁刀聲不斷。蘇惠昭〈我爸我媽和我的國民市場〉爸爸「做對年」，媽媽鑽進市場忙了一個早上饌一桌他的最愛。土雞、炒筍絲、國民市場魚丸、蝦捲、煎虱目魚、紅燒三層肉、米飯、水蜜桃、發糕、紅圓、一疊紙錢和香、一束花擺滿了作者思父情。

住戶生活圈階層菜市場

在高雄住了三十多年，李昌憲〈勞工尋味——德民黃昏市場〉以楠梓加工區周邊德民黃昏市場為題。這個區域大部份是勞工家庭，因加工區有小夜班、有大夜班，有些人半夜還會去買東西吃。因此有些店家改為二十四小時營業，午夜過後，仍有很多夜貓子。瑞豐曾是駐紮左營軍港美軍的別墅區，後來花園洋房林立，住戶消費水準較高，因應顧客需求，菜市場貨色及平均售價比其他市場高，才會有李友煌的〈好額人的菜市仔〉。陳俊合的金鼎菜市場寫出人氣最旺的無刺虱目魚的好滋味、郭漢辰〈鑽石商圈的黃金早場〉在大立鑽石商圈旁的角落，都會耀眼如斯，但是卻有基層生命力蓬勃的仁德早市（也稱大立早市或仁德商圈），當燈火逐漸通明之際，也就是夜市排位開市的時候，四面八方的食客魚貫而來，鍾順文的〈忠孝夜市〉愈夜愈美麗。

大型採購兵仔菜市場

高雄菜市場有適合大量採購，例如批貨的小販，大型的餐廳，以及團體採買的軍隊才適合的〈鳳山兵仔市〉，陳朝震去〈鳳山兵仔市〉是每年農曆年除夕前一天必要任務，每年陪老婆去買菜，為的是搶鮮並且菜色多價錢也較便宜。另一個北高雄平價的果菜批發市場左營〈哈囉市場〉更是名聞遐邇，「哈囉市」是昔年美國海軍駐紮地，「哈囉來哈囉去」！這親切，叫慣了哈囉的市場也是作家汪啓疆「生活教課場所」，菜市裡通常還臥虎藏龍，畫家柳依蘭的先生黃基財家傳在哈囉市場經營筍菜蔬，菜市場裡百態人生更是他創作靈感的來源。

新形態菜市場

王惠玲〈水果一條街〉販賣一年四季皆有生產的水果，隨著價格漲幅還是可以嗅出季節的變換。謝一麟有機農夫市集〈微風市集〉——吃在地，吃當季；食健康安心，食平等永續，還

有新時代的健康主張，農夫親上市集與消費者交易，賣的不只是食蔬還有心實在。

應運登山風潮而生的菜市場也相當有趣，莊金國〈觀音山與山腳市仔〉原本聚集在寺前廣場的攤販，從山腳下擁往南北兩端的登山口。攤販中，有自產自銷的農民，有專業的菜販仔和水果販，攤位多、種類多，自早晨賣到黃昏，通往觀音山的中山路沿途，幾乎擺滿了兜售棗子的攤位。中山路旁也有綠竹園。也使這個俗稱山腳菜市仔的成了名符其實的週休二日市集。張筧的青草巷是依偎在運河畔的三塊厝青草街，時光荏苒並沒有在時空中消散，從山林採集而來的琳瑯滿目的各種藥草反而蘊釀出一股陳年的香味，和時尚相互牽引。

幻想遊藝百繪菜市場

圖文作家百繪菜市場，不達景〈彌陀鄉傳統市場〉、莊子勳漫畫〈雞屁股的回憶〉有著兒時大啖肉圓、菜粽、菜粽的好滋味、洪添賢的大舞台菜市場是庶民生活的長鏡頭、鄭敏聰的鳳山第一市場是三十五年前的美食記憶、萬歲少女〈自助新村上坡小市場〉、王偉的菜市場畫著眷村年代記憶。每一個市場都有各自的故事。葉羽桐〈父子〉是父親辛苦工作的慰勞，鄭潔文〈孕育童年的旗津氣息〉、劉旭恭的〈香草園〉隨手採摘的香草入菜、周里津〈街角奶油香〉、小蘑菇〈神祕的地瓜〉是充滿氣味與幻想遊藝的菜市場。

這本書不僅僅是美食導覽，透過文學家敏銳纖細的眼耳鼻舌身意，可以認識菜市場更多更豐富的層次，遙想那些關於菜市場的私密記憶，那些魂牽夢縈的時空，以及圖文作家凝結在過去每個時空片段中的菜市場百態人生，邀您一起品出菜市場滋味和趣味，或許你也將開始描繪自己心中的菜市場。

高雄市文化局局長

菜市場，
文字記

來去金獅湖菜市仔

王希成

金獅湖菜市場。（王希成攝）

金獅湖市場的魚販。（王希成攝）

源於童年和母親、祖母到傳統市場買菜的記憶，一踏進市場門口，此起彼落的拉攏叫賣聲，充滿人情味你來我往的無煙硝味殺價，便闖入回憶頻道。你兄我弟，老闆、小姐的稱謂，今天想吃什麼呢？許多之乎者也拉近距離的買賣互動，許多因日久熟識，好朋友似的玩笑與閒話。

那個充滿聲音的世界，視覺也十分熱鬧。看得見魚鮮肉美，水果蔬菜清新艷麗，民生所需衣服、百貨也琳瑯滿目一應俱全。瞧！傳統小吃的騰騰美味，正穿過那婦人的衣袖，流傳至我已經有些餓了的嗅覺。是個怎樣繁華鼎盛人語喧嘩的另類世界，令童年的眼睛目不暇給轉個不停，每一旋首，都是驚奇驚呼。

唯一負面記憶，是菜市場地面的濕濕滑滑，光線的昏暗不明，以及空氣中充滿著濃郁的魚腥味。好像都要小心翼翼邁出步履，掩鼻行過海產攤位，怕一失足就跌個四腳朝天，怕一張手，噁心的感覺就湧上心頭，更怕太暗的某處，一不小心，撞壞什麼或撞傷自己。

去菜市場的頻率增多，角色也反客為主，是因為高齡不便走遠路的母親愛吃鮭魚，而一般大賣場的鮭魚新鮮度不夠，賣相不好，價格也高。每兩台幣二十元以上的價位，與金獅湖菜市場一直維持每兩十五元左右的價位，俗擱好吃，當然不能相比。何況這攤賣鮭魚的老闆，僅賣大型海洋魚類，魚貨來源都是來自親戚剛靠岸的漁船。

老闆娘還親自傳授煎煮秘訣：鮭魚本身有油，下鍋時，根本不必放沙拉油，原汁原味去煎，反而更加美味。她也說，屬紅肉類的鮭魚，含有高蛋白質及ω-3脂肪酸，但脂肪含量卻極低，並無腥味，是相當健康高檔的食品。

查了一下母親愛吃的鮭魚資料，原來鮭魚在淡水環境下出生，之後移到海水生長，又會回到淡水繁殖。鮭魚會利用太陽和地球磁場的引導，游回牠自己的出生地進行繁殖，而研究發現游進溪流的鮭魚，90%都在同一條溪流誕生。會思鄉歸鄉的魚，蠻有趣的。

作家檔案◆王希成

中國文化大學英文系畢業，任職石化公司採購。業餘曾擔任港都文藝學會副理事長，草山文苑網路詩版版主，掌門詩刊同仁，現為喜菡文學網詩版顧問與駐站作家，金獅湖太極拳教練場主任教練。獲中央日報勞工文學獎、清溪文藝獎、台灣省新聞處優良讀物獎、高雄市文藝獎。出版書籍有：《詩，45度仰角》、《安靜生疼》（詩集）、《面對》（散文集），《我的詩劍江山》（散文與詩合輯），共十冊。

對照一下一般超市、大賣場與傳統市場的差距。貨品上，大賣場都是分類清楚標好價格，憑君挑選，再至前面出口處的櫃檯結帳；傳統市場泰半尚未宰殺的雞鴨魚等，大堆擺放的蔬菜水果，可以雙方議價，或者要個蔥、蒜之類贈品，依你的需求，切剁分裝成包。人與人交流互動，寒暄問暖，比較有人情味。

場地空間上，當然大賣場、超市勝出。冷氣空調系統，寬闊乾淨的購物空間，方便盛裝貨品的手推車，幾乎可以毫無負擔地閒逛。夏天時，猶可買菜兼避暑。這些都是傳統市場無法相比擬的，緣此，傳統市場的客層，以中老年人與已婚者居多，年輕人與單身貴族屈指可數。

而時間上，傳統市場皆以早市居多，中午十二點左右便收攤停業了。儘管之後，因應家庭主婦下班買菜方便，發展出黃昏市場，或者大型夜市，但比那些營業時間長，甚至二十四小時的大賣場，自然對年輕族群吸引力缺缺。

看見一些年輕人相偕出現，大部分為了網路流傳的傳統手工美食，聞香而來，準備到此嚐鮮，與數位相機一起記錄美食經驗。金獅湖菜市場最聞名的傳統小吃，就屬菜市場旁邊，不立招牌的金獅湖肉包店。

如何找到它呢？如果看見許多熱騰騰的蒸籠，一群人圍著在搶購包子、饅頭、花捲等，摩托車、汽車聚攏，走閃不便，即是金獅湖肉包店到了。為顧客方便與衛生考量，店家通常十個一包包好陳列，亦可因你需求增減。許多顧客都大包小包採購，忠人之託有之，自己冷凍再慢慢品嚐有之。

兒女返鄉探親時，也會多買幾個讓他們品嚐，一者回憶童年滋味，另者，北上返回工作就學崗位，順道帶上幾個，讓同事朋友一嚐南台灣肉包美味。包子的餡肥瘦合度，調味鹹度甜度正好，ＱＱ的皮一口咬下，餡的美味香甜就口齒留香了。

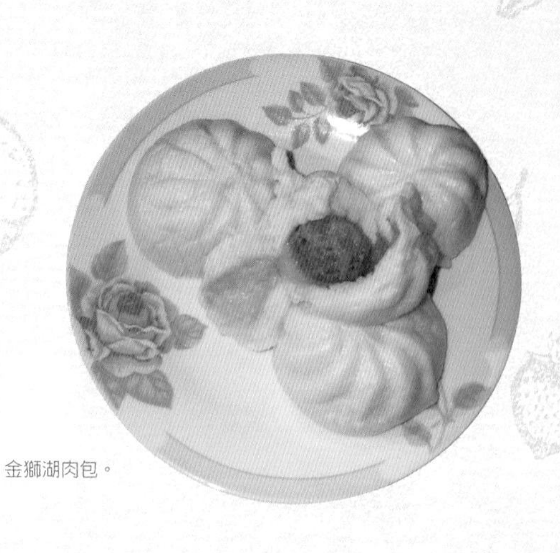

金獅湖肉包。

上圖：現做的手工麻糬。（王希成攝）
下圖：二十多年來都用純糯米製作，口感超Q的手工麻糬。（王希成攝）

上圖：菜市場內的鮭魚攤位。（王希成攝）
下圖：皮軟餡香的清蒸肉圓。（王希成攝）

金獅湖菜市場，裡面有一攤賣麻糬的，二十多年來都用純糯米製作，口感超Q。堅持現場手工製作，更堅持完全不加防腐劑，所以必需當天吃完。有紅豆、綠豆、花生、芝麻等，可依照個人喜好、甜度去搭配。然而不能久放，時間的累積，皮會變硬，沒有初始的軟Q。這個攤位也兼賣一些拜拜用很傳統少見的手工紅圓發粿。

另外，我喜歡一家清蒸的肉圓，一個大蒸籠下來，顧客五個、十個在買，淋上特製的醬汁，加薑加蒜調味。不是油炸的，不會油膩，皮軟餡香，相當清新可口，搭配他們特製的四神湯，就是一頓簡單的美味午餐了。

還有一家炒米粉與大腸豬血湯，也是蠻好的另項選擇。米粉是大鍋一起炒，軟硬適中，入口細美，不會乾燥難以嚥嚼，並且價位便宜。尤其大腸豬血湯，料多湯美，非常實在可口。這些美食都以主食開始，以湯搭配，紅花綠葉相得益彰，能一賣好幾十年，人潮絡繹不絕，絕對有它的獨特之處。

雖然衛生問題，賣場空間感覺，時間上的方便性等等，有些傳統市場被大賣場與超市取代了。但金獅湖菜市場，仍保有其獨特的人情與人文，傳統的手工小吃美味，更有現代化百貨賣場無法擁有的歷史厚度。

我還是喜歡在傳統市場中來去，買完菜，到隔一條街的金獅湖橋上，看湖光山色，看白鷺鷥一隻隻飛起悠閒的感覺。誰說君子要遠庖廚，誰說君子要遠市場而離群索居呢？

擁有歷史厚度的市場百貨。（王希成攝）

歷史・金獅湖菜市場

金獅湖菜市場有三十多年的歷史，之前在天祥一路有個舊市場，後因人潮過多，乃另設新市場。新市場與金獅湖僅隔一條街，區域相當廣，亦有湖光山色的景觀，市場生意很好，周邊更有許多無固定攤位的攤販，做的是早市，中午十二點多左右便收市了。

旗津「魚鰛」市場

謝榮祥

頭戴斗笠的婦人在路邊販售自家捕撈的「現流仔」鰛貨。(謝榮祥攝)

「陳羅投餌凌波滄海銀鱗躍，留棹轉航喜唱凱歌滿載歸。」

這是我家公廳的門聯，懂字的人一看就知道這是個「漁家」。

凡是住在靠海的「海口囝子」，多少都「了」海的「鱻」滋味。「鱻」讀作「鮮」，新鮮的「鮮」。望字生義，三條魚？哦！不！是「三堆魚」堆起來的漢字。「鱻」這個字是我在海產店學到的漢字，可以象徵海洋水產品的繁多，叫人難以一一認識。不說別的，光是魚類，會吃的人不見得會說得出魚的名稱。但即便不知道海產名稱，海產的鮮甜滋味，不論是魚、蝦、蟳、蟹、蚵、蛤、螺、貝，總是令人齒頰留「鮮」，念念不忘「鱻」滋味啊！好呷啦！

我家父、祖兩代人都是「浪裡來水裡去」漂浪討海人，從林園汕尾漂浪到旗津赤竹仔討海為生。從當人家的「海腳」（船員）到自家造筏、建船幾十年下來終有個定住點。由於我自小就在高雄港邊長大，內海、外海海鮮的滋養，不論養殖牡蠣、文蛤、野生的西施舌、烏蛤仔、蚵螺、菜蟳……等螃蟹，或者是沿岸、近海、遠洋漁獲水產品，幾十年的生活食用經驗，讓味蕾一直對海味的「鮮」度特別敏感。也由於習慣「見頭三分補」嗑魚頭、吃魚眼保持視力與智力，加上自小「獅呷」（好吃）成性，即便年過半百，身屬三高（血糖、血脂、血壓）病族，至今依然三不五時穿街過巷到各個菜市場晃蕩，走尋各地菜市場裡特有的「鮮」滋味。

說起逛市場，「南北二路」我不敢說都走透透，但也晃蕩過不少地方市場。如在台北工作時松山饒河街市場、士林市場、金山市場、淡水市場、基隆市場（到東北角釣魚順道必逛）……或到花東出外景；在雲嘉、南、高屏作田野觀察，跑菜市場是行程中必到重點（由菜市場可觀察當地生活飲食、文化現象及美食）。搬回高雄「顧厝」之後，除了窩在家裡啃老本、出公差、開會、上課、導覽解說之餘，習慣上還是會到各菜市場「視察」。左營哈囉市場、三民區三鳳中街、三民市場、青年

作家檔案◆謝榮祥（康翔）

海汕文化工作室負責人。海汕文化工作室為出版沙汕之島——旗津（導覽圖冊）而於一九九五年成立，其前身為「旗津公共事務研究室」之前則為「康翔映像藝術工作室」，以地方公共事務、人文及生態作長期研究觀察，並針對特定議題提供對策、建言及從事導覽解說、教學影像工作、各類標本研究、文史考証、研究（貝類、化石、陶瓷……），為地方累積文化資產及促進高雄文化之提昇著力。

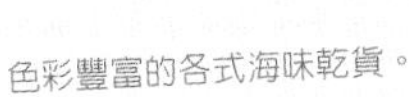

色彩豐富的各式海味乾貨。

路國民市場、鹽埕市場、哈瑪星市場、旗津中興市場、旗津公有市場大概都會三不五時造訪。其中旗津公有市場，因為地緣與交通動線關係雖然沒有天天報到，但卻是我日常生活中必到的一個菜市場。

傳統公有市場受到社會生活型態改變及超商、大賣場、量販店競爭的影響，旗津公有市場一樣有逐漸萎縮、閒置攤位的情況，但市場口兩條巷道，中洲三路562巷及大關路、通山路口在早上到中午十二點前也是蠻多人在選購日常所需生鮮蔬果，特別到了例假日或逢年過節，菜市場內、外人潮擁擠到影響附近道路交通也是蠻常見的景象。

旗津公有市場的特色是「鱻」，這個「鱻」市場的特色和當地漁業環境是有緊密關連的。從旗津郵局對面—中洲三路562巷經過雜貨店、製麵店、魚攤、阿三哥雞肉攤，進入公有市場內的魚攤、豬肉攤，可一路走到旗后漁港岸邊，長度大約百來公尺。由於旗后漁港是高雄港內沿岸近海漁業泊靠地之一。早年興盛時期，高雄區漁會在這裡曾設有旗后漁會拍賣分場，和中洲漁港的拍賣分場，可說是旗津兩大漁獲拍賣場。自從合併到新建的旗津漁港（風車公園對面東邊港內原貯木池漁港）之後，旗後漁會拍賣分場便轉為沿岸舢板船「放綾仔」（小型流刺網）理網、解漁獲、整補網具的工作、堆置場。而這些漁戶捕撈的「現流仔」（現撈）「鱻」貨海產，除了海產店、魚販直接蒐購外，也有部份漁獲和漁港東南側另一群舢板船捕撈漁獲，成為旗津「鱻」市場的主要供貨源頭之一。特別是中洲三路562巷道口那四攤（有時五攤）「阿桑」頭戴斗笠、包圍巾，身穿圍裙、長袖套，一把刀、一塊砧板、一個秤蹲坐在路旁，販賣、宰殺的便都是自家船捕撈或拍賣場的「現流仔」鱻貨。其實這個市場在日治時期即已出現，加上二次大戰結束後的旗後漁港、拍賣場緊臨著市場，便強化了「鱻」市場的地方特色，也是旗津人潮匯集、擁擠的區域，大小車輛早上到中午這段開市時間裡，經過這裡都得龜速前進，休想踩油門飛馳而過，是故想來這個市場晃蕩的人千萬不能開車來（沒地方停車），只能「步輾」而來才會有好心情找到「鱻」貨。

旗津鱻市場除了有著一般市場的雞、鴨、豬肉攤、蔬果攤、生鮮、熟食攤、雜貨攤、乾糧攤外，最具特色的是具有季節性、汛期性的鱻魚攤。例如：每年冬季烏魚汛期到來，不論市場內或市場巷道口魚攤都可見到「現流仔」(現撈)野生烏魚在販賣。這些烏魚都是當地舢板船「放綾仔」當日捕撈所謂「見水青」鱻魚，有的甚至是賣魚「阿桑」自家的舢板船捕撈的烏魚，「刣烏魚」時有的烏魚甚至都還活跳跳，少見養殖烏魚混充（養殖屋魚肉較軟身沒有野生烏魚特有鮮甜滋味）。有時我一嘴饞就會買條烏殼（卵、精巢、胗已取出）回家煮蒜片、米粉、或乾煎、紅燒。那鮮甜的滋味一入口，立即勾起童年時候把魚當飯吃的記憶。從文獻史料中讀到荷蘭時代的打狗一帶海域是漢人追捕烏魚的漁場就能理解旗後、打狗（高雄）

上圖：市場口大關路很多民眾在此選購日常所需生鮮蔬果。
下圖：小販在市場口週邊販賣一些特色熟食、小吃、點心、醃漬菜。

「阿桑」頭戴斗笠、包圍巾，身穿圍裙、長袖套，一把刀、一塊砧板、一個秤蹲坐在路旁，販賣、宰殺的便都是自家船捕撈或拍賣場的「現流仔」鱻貨。

漢人來臺墾殖及瞭解高雄城市發展起源。旗津「鱻」魚市場除了冬季的烏魚，在其它季節魚汛期也都有不同的當令「現流仔」鱻貨可供選購、品嚐，例如：鯖魚、鰹魚、紅魽魚（耍午）、海鱺、石斑、鮸魚、鱸魚、「紅花」、「三牙仔」、「金睛」、「瓜仔魚」、白帶魚、花身雞魚、「黃雞仔」、「嘉納仔」（真鯛）、「紅半仔」（血鯛）、「巴攏仔」、「拉崙」（俗語：「拉崙拉崙」好呷「嗯」分孫！有錢呷「鮸」無錢免呷！）紅目鰱、鐵甲魚、「烏格仔」……草蝦、斑節蝦、蝦蛄撇（豎琴猛蝦蛄）……紅蟳、菜蟳、蛂仔（遠海梭子蟹）、「三目孔仔」（紅星梭子蟹）、「墨斗仔」、「小卷」、「透抽」、「花枝」……牡蠣、文蛤、鳳螺、花螺……等等。

品嚐海鮮，行家都知道「第一新鮮、第二料理」的不二法則。（謝榮祥攝）

說到品嚐海鮮，老饕、行家都「了」「第一新鮮、第二料理」的不二法則。不新鮮的海產，儘管五柳枝放再多，口味多繁複，終究掩蓋不了那股阿摩尼亞腐臭味和沒有嚼勁，沒甜尾的噁感，即便有人味覺遲鈍、麻痺或忍著吞下肚，也得提防蕁麻疹、拉肚子、甚或中毒等後遺症的傷身。是故「挑嘴」也是嚐「鱻」的基本功（記住「一分錢一分貨！」）。

旗津公有市場除了賣「現流仔」鱻貨是在地特色外，也有一些定點、定日或流動小販在市場口週邊、市場內設攤販賣一些特色熟食、小吃、點心、醃漬菜。其中我曾光顧過的有越南鮮蝦河粉、芋簽粿、芋粿、碗粿、肉粽、客家鹹豬肉、八寶丸、醉雞、蜜汁烤雞、烤鴨、鹽水雞、烏骨雞、虱目魚丸、爛糟（夏威夷海鰱）oren（黑輪）、爛糟魚丸、魚翅丸、魚翅羹、滷味、泡菜、……不勝枚舉。但由於流動率高，往往買過一兩次想再光顧卻常撲空，這也是為什麼我會不安於室，不當宅男而到處穿街過巷走尋美味記憶的主因（天生就「獅呷」嘛！）

美景、美食是觀光遊憩產業重要內容賣點之一，而品味、地方風貌、地方文化特色乃至「文化價值」是觀光文化內涵。當觀光結合了文化，也是「鱻」滋味觸動心靈味蕾之際，那鮮甜有嚼勁的海味將令遊客永生難忘，也烙印出屬於在地文化風貌印記，如果您不懂什麼叫「鱻」貨，走一趟旗津「鱻」市場，看一看「見水青」、「現流仔」（現撈）海產，也許您會對海洋城市的稱號、感覺也能有所「了」了。

大人們不在的黃昏

郭正偉

鳳西國中黃昏市場。（郭正偉攝）

曾經有過那樣子的黃昏，一群夥伴們都不清楚寂寞究竟是什麼模樣。喜歡過的歌詞，還一個字一個字寫在收集成冊的記事本中；不求甚解的國文課本上不論男女的大頭圖像都長出鬍子，延伸出搞笑下體；腦袋裡的英文單字全是健康教育的身體構造，與意義不明的髒話；那顆幹來的校內籃球藏在操場某個角落，跟著汗臭薰人的青春期安靜蹲在一塊兒，明日再挑戰場。

我們是一群國中生，放學排路隊前才兵荒馬亂地打掃過廁所，施展魔法讓椅子全懸浮在桌上，整理教室。下一刻，校門就變成潰散的水門，湧出一波波白色制服的浪潮，嘩啦嘩啦拍打在豔橘黃夕陽鋪展的馬路上。

那時候一定炎熱、喧嚷得跟什麼一樣，如今在回憶裡頭卻沉默無聲得緊，沒有溫度。擁擠、淺黃，而靜謐、寒涼沒有響動。曾經青春躁動的不安跟自傲，在我們長大，搞懂終於逃不開那句「是不是空虛、寂寞，覺得冷？」戲謔似的電影台詞之後，開始在不斷受傷裡學會謙卑。

當時我們只是一群很餓的國中生，像海嘯一樣，洶湧於放學後，老師、主任，爸爸、媽媽都不在的黃昏裡，湧向學校旁邊的黃昏市場。學校以後補習之前，成群結夥跟著市場裡買菜的人群一起移動，握著手裡的一點零用錢貪心覓食。

冰棒、烤雞、鮮紅的蝦，與煮熟的魚丸、炸好的餛飩，散布在各個擁擠角落，魚攤的左邊、肉鋪前方、賣蒜老人附近……，說大不大，說小卻也延伸長長一兩條馬路的鳳西國中黃昏市場，是大人不在身邊時，我們自己的秘密基地。我們才懂得的路標。

大夥兒準備一哄而散前，各自講好自己的今日特選便載欣載奔地分頭而去，在一群陌生大伯大嬸的地盤上撒野，誰也不會害怕找不到同伴，市場地圖就在腦子裡，同伴的位置已全都標明記號。

「滷味不在了。」停下腳步說話時，阿介眼神裡的光小小的，看起來彷彿有點失落。我卻不太能確認因為攤子還是其它什

作家檔案◆郭正偉

聽音樂寫字、散步、找朋友玩的地球郵差。喜歡甜食。最厲害的能力，是輕易便能搞砸所有看似神奇的魔幻時刻。已發行散文集《可是美麗的人（都）死掉了》（二〇一〇，寶瓶文化）。

麼事，「你還記得吧？」

我點點頭，因為一些無聊回憶笑起來，阿介也傻傻被我感染莫名一起笑著。

是蝙蝠滷味呢，我說。啊，對耶，阿介想起來，抬頭瞇眼看著夕陽光線移動。

小蝙蝠也都不見了。放學時，不知怎麼地天空常會盤旋著為數不少的蝙蝠，黑抹抹地小小一隻，忙忙碌碌飛翔。學生們常佇足的滷味攤就在蝙蝠聚集的大樹蔭下。我跟阿介總是一人捧好一枚白色保麗龍碗，拿著筷子，以觸犯校規邊走邊吃的微妙快感，緩緩走好幾條街去導師在校外偷偷開的補習班上課。我好像偷偷喜歡過阿介，雖然長大後發現自己明明就「不吃這樣的菜」，但不論我吃什麼樣的菜，這傢伙其實從頭到尾也完全沒發現過。

兩個人捧起滷味走著走著，滿天蝙蝠就在離我們很近的頭頂邊拍動黑色翅膀，拙劣又慌張的樣子。一沒注意，一隻小蝙蝠應該是飛到手軟，不偏不倚就摔進阿介的碗裡來，一時間我們尚未反應，彼此癡傻對望，下一秒阿介手裡的碗與小蝙蝠就被拋向遠方。剩我哈哈大笑。

滷味是吃不成了，不曉得小蝙蝠後來過得好不好，牠的孩子們有比較擅於飛翔嗎？

阿介前幾年結婚了，曾經虎背熊腰，現在已大腹便便的他還好生了一個比較像媽媽的瞇瞇眼女孩。他拿出手機，用指頭撥、撥、撥地讓我看小女孩的生活照片；一邊以感嘆的口吻勸說：「已婚生活有時候挺累的，但是大部份時候都很幸福。你也趕快找個女人結婚吧。」（看吧，他果然是遲鈍無感王）

已經好長一段時間不曾聯絡，也沒見過面。彷彿離開大人們不在的黃昏，同伴地圖就再也用不上，那群很餓的國中生們走失在與彼此無關的生活裡，遺忘曾經有過一個市場，臭汗騰騰也或饑腸轆轆，讓青春成為一張大桌，鋪滿零零碎碎，雖不營養卻幸福滿足的午後點心。

滷味攤上的各式滷味。

上圖：鳳西國中黃昏市場上的滷味攤。
下圖：黃昏市場中賣蒜頭的阿伯。（郭正偉攝）

此刻我們相逢，並非巧合。離開黃昏市場之後，好像年少無敵的防禦力場就會漸漸被生活的必需給突破，然後有人巧妙面對學會成長，也有人終於忍受不住，急欲選擇結束。

有個一起打球的同伴，前幾年還斷續聽見他的消息，有時過得好有時失敗，跌跌撞撞地，難免為他的孤獨與挫敗擔心。想著要約他出來散散心，又總一直拖延。如今我們幾個同伴終於都回來相聚，卻為著探望自殺未遂躺在病床上的他。

「那時候我們真的是瘋子耶。」明明感傷卻忍不住想微笑，我說：「幾乎每個週末都玩那種早上五點打籃球的場，到底有沒有那麼青春熱血啊？」

我記得那個景象。籃球場上胡亂擺滿的單車或立或躺讓清晨的光大片地漆上，全場式的對抗，我們向對方大聲叫囂、為剛剛帥氣的三分鼓掌。後來憂鬱得想提前告別世界的他，在那時候，一記巧妙傳球，躲開，然後挑籃，陽光在半空中剪下他的側影，得分。還以為根本沒有什麼挑戰不了的難關。

「重點是不管誰的約，還都沒人放鴿子。」阿介附和，「而且你打籃球超爛。」

「屁啦！」

不知怎麼地，我們不約而同皆穿上突兀的正式服裝來探望。不知道如何面對這種場面，是因為大夥兒已經陌生，或其實我們依然幼稚純真，不懂人情世故？阿介與我各自拆下領帶，彷彿穿回制服，只是身上白色襯衫太過明亮，不再像記憶中泛黃灰白的模樣。

回到大人們不在的黃昏，我們才驀然有些明白，他們不在的原因。

歷史◆鳳西國中黃昏市場

位於鳳山，鳳西國中周邊，跨越四周街道。鄰近體育場、鳳凌廣場。生、熟食皆俱，黃昏時人潮熙攘，十分熱鬧，是鳳山數一數二的大型黃昏市場。

專賣乾貨與草藥的小販。

黃昏市場一隅。（郭正偉攝）

失落的鄉愁

陌上塵

四十年歷史的五福市場。（陌上塵攝）

一九七八年夏天，結束租屋歲月，就近在離上班不遠的鳳山五甲地區購屋，當時，在看屋時，妻一再耳提面命：「要離菜市場近；要離學校近」。

秉持妻命，我找到了當時屋前方是一大片農田的現址，每當我的岳家親人來訪，最大公約數的結論是：「怎麼會看中這個鳥不生蛋的地方！」殊不知；當初偏僻的鄉間，如今已成商圈聚落！

而，最讓妻感到滿意的是：新居鄰近「五福市場」，走路只需三分鐘；現已改制為「高雄市鳳山區」的「五福國小」正巧就在市場旁邊，這對女兒往後的就學極為方便。也因此；她常在人前人後誇獎我「很有眼光」！

「五福市場」位於鳳山五甲地區的五福一路旁，高雄捷運前鎮站第2號出口往左，過了五甲的「媽祖港橋」，再往前走至第二個號誌燈，往右轉進約二百公尺，就是目的地。

「五福市場」是四十年歷史的傳統市場，方圓數百公尺以內住戶的三餐採買全在此進行，全盛時期，每天早上來到菜市採買的家庭主婦或者「煮夫」們，將整個五福市場擠得熱鬧非凡，尤其逢年過節，消費者多如過江之鯽！近年來，一方面因為少子化；一方面年輕人都不喜歡傳統市場的氣氛，改往大賣場、超商購物者大量增加，如五福市場這類傳統市場的生意也就日漸蕭條，但，市場長期營造的人情味與溫馨感，仍濃重包圍著鄉親們。因此，雖說五福市場昔日的繁華褪去，然，仍風韻猶存的展現其親和魅力，繼續與鄉親們你儂我儂感情長存！

六○年代，位在高雄市中山路上的硫酸亞公司，在五福市場旁的空地上，建造起成排、成排的員工宿舍，那也是形成五福市場鼎盛熱鬧的主因。九○年代宿舍拆遷重建，現今由五甲三路轉進五福一路口時，簇新的新式建築讓人眼睛為之一亮，從前兩旁低矮建築的景象早已在人們記憶中消失，讓人驚艷的是：醜小鴨變天鵝之後，整個市容果然脫胎換骨！

作家檔案● 陌上塵

本名劉振權，一九五二年生，台灣苗栗人。一九七五年定居高雄，從此他鄉為故鄉；故鄉早已變原鄉，對高雄，有濃烈的感情。一九九五年六月自當時的中船公司（現名台船）退休後即從事文字工作，已出版著作有：《思想起》、《夢魘九十九》、《造船廠手記》、《出局》、《菊姊》、《故鄉．永遠的懷念》、《長夜漫漫》、《陌上塵鄉土小說選集》、《陌上塵勞工小說選集》等書。

鳳山五甲地區原本是一大片農田，拜經濟起飛年代之賜，如今的五甲商圈，不比高雄市其他大商圈遜色，尤其離小港機場咫尺之隔，高捷營運後，捷運紅線「前鎮站」就在五甲路與中山路口，無論外地旅客或在地居民的交通機能順暢便捷。

橫跨前鎮河連接中山、五甲兩路的橋被命名為「媽祖港橋」，過了橋，就是鳳山區的五甲三路，每遇營業日的下午兩點以後，五甲三路187號前，經常排滿長長一條人龍，他們都是「阿石北平烤鴨店」的常客。

阿石烤鴨位於順發3C斜對面，早期從附近黃昏市場裡做起，因為客人吃過後好評不斷，近悅遠來的民眾愈來愈多，也在二○○六年左右遷移至現址。

阿石烤鴨的黃老闆每天一早七點就開始準備，以獨家配方中藥醃浸六小時，經過麥芽湯浸燙，待風乾後，最後才放入烘爐碳烤，每一項步驟都不假他手，可說是五甲地區的老字號烤鴨專賣店。

五甲路上的「老字號」店家可真不少，他們可都是老一輩五甲人的共同記憶。和「阿石北平烤鴨店」僅幾步之隔的「志明花生糖」，就在五甲三路163號1樓。

二十年歷史的「志明花生糖」堪稱是當地花生糖的開山始祖，創始人柯春全，起初只為順應當地人拜土地公必用花生糖的習俗，採用北港及善化花生，研發出不黏牙的花生糖，廣受歡迎，生意好時每天可賣出一千桶。

柯家做花生糖已有二十年歷史，創始人父親柯春全，他本來在鳳山市的五福市場爆米香、賣米仔麩（炒香的糙米粉），後來在客人的建議下研發出花生糖，因口感獨特，受到當地人歡迎。

不黏牙是志明花生糖最大的特色，目前有九種產品，最暢銷的是傳統花生糖，因為他們用的是上等北港及善化花生，提供花生的工廠也遵古法製作，已經傳承三代。

「志明花生糖」的芝麻花生糖。

二十年歷史的「志明花生糖」堪稱是當地花生糖的開山始祖。（陌上塵攝）

上圖：阿石烤鴨。（陌上塵攝）

下圖：五甲三路187號前，經常排滿長長一條人 龍，他們都是「阿石北平烤鴨店」的常客。（陌上塵攝）

上圖：各式好吃不黏牙的花生糖。
下圖：龍成宮媽祖廟內大廳一景。

五福市場旁邊原來是硫酸亞宿舍，裡邊住著許多刻苦耐勞的勞工朋友，也有一些自軍中提早退伍的中國來台老兵，他們擅長美食烹調，於是不少外省口味的麵食、水餃店在自家門口擺起小吃攤營生，由於老闆們的手藝出衆，頗能贏得顧客的讚賞，生意因此日漸興隆，一些老主顧們吃慣了小吃攤的美食，即使排隊等候也不厭倦。

女兒三歲時，我們夫婦經常到其中一家水餃店用餐，女兒特別喜愛吃他們的水餃。一直到女兒高中畢業離家北上就業之前，每當想念水餃的滋味，她可是從來都不曾缺席。直到有一天她回高雄度假，卻發現她最愛的那間水餃店，竟然隨著宿舍的改建而從此不見蹤影！她也因此而落寞了許久，我試圖帶她去吃別家的水餃，卻被她嚴詞拒絕，她正色的告訴我：「老爸，您知道嗎？在台北的時候每當我想家時，一定會想到那家水餃的滋味！」顯然，那是女兒鄉愁的滋味，而今，她童年最珍貴的記憶，竟從此消失於茫茫人海中！

距離「五福市場」約莫三百公尺，鳳山市五甲二路730巷6號，坐落著五甲地區居民的信仰中心「龍成宮媽祖廟」。

五甲地區原為鳳山市郊一處古老的小聚落，居民務農維生，過著日出而作，日入而息的農村生活。

一百多年前，一位地理師路過五甲莊，見當地居鳳山台地尾翼，地形宛如五龍匯集，又有鳳山溪自東北流經本莊，經前鎮媽祖港入海，山海交會，為人丁必旺之福地，斷言三甲子之後，五甲必出萬人丁。莊民以為：以當時全莊數百人，何來萬人丁？地理師愛說笑？

沒想到風水輪流轉，十年河東，十年河西，民國六十年代，高雄市前鎮地區趕上加工出口區潮流，外來勞工大量湧入，五甲首當其衝，建商興建大量販厝，以庇無殼勞工，使五甲地區人口暴漲。

龍成宮在五甲莊原本是一間小廟，在五甲地區人丁未旺之前，僅是莊內居民信仰中心。龍成宮衆神順應隨之而來的人氣與財

五甲地區當地民衆的信仰中心「龍成宮媽祖廟」。

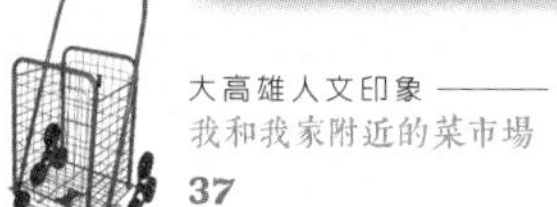

氣，經信徒大會於民國七十年間決議，籌組重建董事會，二年後動工，歷五年，終於七十七年舉行落成建醮。金碧輝煌，高聳的廟脊，從遠處望去，成為五甲顯著的地標。

至於，「龍成宮」的媽祖，更是神蹟顯赫，傳說：第二次世界大戰時，美國以及盟軍軍機，不斷空襲當時仍為日治之下的五甲莊，當一顆顆炸彈從天而降之際，有人看見媽祖顯靈，用她的裙襬不斷捧起炸彈拋向不遠處的大海，也因此而保庇了莊民身家財產的安然無恙！而，前述「媽祖港橋」的命名，也是五甲地區居民感念媽祖庇佑的誠心敬意。

「龍成宮媽祖廟」後方是「五甲自強路夜市」，雖然還不到觀光夜市的級數，但，每天入夜後的逛街人潮從未間斷，「五甲夜市」除了是五甲人生活機能的依靠；許多鄰近如前鎮、小港等地區的居民也成為常客！

世事多變，真個是「未來之事難以預料」！沒想到當初選擇了這個「鳥不生蛋」的地方定居下來，還真是被我選對了！從一處窮鄉僻壤的農田，到如今的繁華熱鬧商圈，其間變遷之大是我始料未及！莫非，這也是媽祖娘娘暗中在庇佑！

神蹟顯赫的五甲龍成宮媽祖。

上圖：龍成宮媽祖廟。
下圖：媽祖港橋。（陌上塵攝）

燃勞工尋味——德民黃昏市場

李昌憲

德民黃昏市場入口。（李昌憲攝）

楠梓加工區周邊，我來高雄住了三十多年的地方。在這個區域大部份是勞工家庭，有加工區員工、有煉油廠員工，有海軍軍眷，也有常民百姓；為了應付這麼多人的民生需求，有幾個傳統市場，其中早市的有：煉油廠宿舍區、莒光、加昌；黃昏市場有：後勁、右昌、德民。除了傳統市場，也有大型超市，生活機能相當好，也非常方便。

因加工區有小夜班、有大夜班，有些人半夜還會去買東西吃。因此有些店家改為二十四小時營業，最早的是速食、飲料，牛肉麵館也跟進，去年有咖啡、麵包烘培業者進駐，我心裡想咖啡開二十四小時，哪有人買？事實上，午夜過後，仍有很多夜貓子。

尋找新鮮而美味的食物，許多人樂此不疲，享受美食心理多是一樣的。但上班族因時間限制，只有例假日偶爾吃館子，大多數人在下班後，還是選擇去傳統市場，買新鮮的蔬果、肉類、海鮮等等，或兼買現成的，以節省做菜時間。

市場那麼大，有那些是好吃的呢？看到有人排隊就跟著排，買回去也只是如此而已。好吃而美味的攤位，生意興隆；不好吃的，可能買一次，就沒有第二次了。有些攤位一段時間就不見了，有些攤位去晚了就買不到；這就形成市場機制。因為每個人喜好不同，口味不同，這尋味過程才有趣啊！

到市場尋味，尋找想吃的，滿足生理的基本需求。我們最常去的是德民黃昏市場，二〇〇七年十二月才開始營運，雖然成立最晚，但因為有規劃兩處機車、汽車停車場，停車方便；而且五點以後的尖峰時段，有專人指揮交通。以後來居上的態勢，成為這附近人潮最多的市場。

先在德民路的停車場停車，如果車位已滿，就要開到西面的第二停車場。市場是鐵皮搭的，有「德民黃昏市場」「歡迎光臨」的大字，進入市場前是橫向巷道，有一整排是水果攤位，有進口的水果，也有當季盛產的水果，市場東側是蔬菜超市，也賣佐料，各種時蔬一次買足，上班族可

作家檔案・李昌憲

李昌憲，現為《笠詩社》社務委員，台灣筆會秘書長。詩作被選入年度詩選、國內外之詩選集，已出版詩集《加工區詩抄》、《生態集》、《生產線上》、《仰觀星空》、《從青春到白髮》《台灣詩人群像——李昌憲詩集》、《台灣詩人選集——李昌憲集》。

以節省時間。這條巷道東邊是臨時攤販，不屬於德民市場管理，以賣蔬菜水果為大宗，有的擺在小貨車上，有的擺在地上，有些還用大聲公叫賣。

進入市場左邊的「黑砂糖挫冰」，有情人果冰、四果冰、八寶冰、紅豆湯、紫米粥、糯米粥，客家燒仙草、湯圓、芋圓等，大部份都選擇外帶。右邊有家「香羹小棧」，賣古早味肉羹、米粉羹、肉羹麵、及紅油炒手；老闆是年輕的陳先生，經常有熟客上門。另一家位於鮮花店旁的傳統小吃，賣肉粽、肉圓、碗粿、肉燥飯、四神湯的店家，這裡的四神湯很濃郁，下午與朋友一起喝太多茶，先喝一碗四神湯暖暖胃。這一排有酥炸排骨的攤位，有時看到客人在等待，也許好吃，但油炸物我很少吃。

進去左側有許多賣熟食的攤位，有賣德國豬腳，有賣烤魚、烤肉、炸蝦、炸雞等油炸食物，也有幾攤賣各種滷味，各擁獨家口味，可以有許多選擇。還有掛燈籠賣薑母鴨，攤位面積較大，有數位助手，有鹽水鴨、燻茶鵝、燻鴨、醉雞、油雞等，冬天生意特別好。

右側賣冷食的較多，有賣冰涼的綠竹筍，有賣仙草凍，有賣現榨果汁，也有水煎包、蛋餅等許多攤位。這裡有「阿母e潤餅」，從開市場賣到現在，有無糖、芝麻、南瓜、花生等素食，我們經常買去藝術市集當晚餐；生意一直很好，經常要等候，老闆及助手的動作很快，另有多種葷食口味，我沒吃過。還有賣韓國泡菜食品的媽媽的店，韓國人做韓國泡菜，新鮮又道地，絕對不輸進口的。吃素食的人，這裡有素食小菜，賣現炒各種素菜，也有粥，是輕食的好選擇。

壽司原有幾個攤位，現在介紹的「元軒壽司」，年輕老闆原先在有名的小園日本料理店工作了十年，兩年前為了圓創業夢，在此開賣，他負責握壽司，妻子負責包裝收錢，他老爸有時協助把壽司擺得整齊，看起來乾淨新鮮，因應競爭豆包賣五元、壽司十元一個，各種看得到的口味任君挑選，真是物超所值，有許多吃上癮的熟

香羹小棧賣的是古早味肉羹，熟客經常上門。（李昌憲攝）

上圖：掛燈籠賣薑母鴨，冬天生意特別好。（李昌憲攝）
下圖：「元軒壽司」各種看得到的口味任君挑選，真是物超所值。（李昌憲攝）

德民黃昏市場的水果攤。（李昌憲攝）

專賣虱目魚的老阿伯。（李昌憲攝）

客，我當然也是買回去當主食，再煮個味噌湯，炒盤青菜，晚餐輕鬆解決。

這個市場有許多攤位賣豆腐，從岡山來的黃先生，自己磨豆漿、做傳統豆花、傳統板豆腐、油豆腐，有時候會比較晚開賣，板豆腐現切還是熱的，生意越來越好。他還有豆漿副產品——豆皮，跟市售的不一樣，我們用來炒破布子很對味，也確實是美味；每週只星期四才賣，因數量不多，太晚就買不到。

賣雞鴨魚肉攤位，跟其他傳統市場一樣。賣魚的會兼賣虱目魚，這些攤位把魚分成魚頭、魚肚、魚身；值得一提的是有一個老阿伯，生意很好，確實刀工了得，專賣虱目魚；他可以把魚身再處理成魚皮、魚肉、魚骨頭，而且把刺拔掉，買他處理的魚可以較放心。小孩大人都一樣喜歡吃虱目魚，因為新鮮，但多暗刺；許多人吃多刺的魚，最怕魚刺梗在喉嚨，更怕去找耳鼻喉科夾魚刺！老阿伯他年紀大了又限量，經常有熟客來晚了買不到。

講到吃，人的嘴巴可是很挑的，到處尋味找美食，享受吃美食的愉悅感。但對上班族來說，傳統市場也一樣可以尋到好味道，自己喜歡家人喜歡，而且經濟又實惠，這就夠了。

專賣黃板豆腐的攤位。（李昌憲攝）

歷史◆德民黃昏市場

德民黃昏市場成立於二○○七年，十二月開始營運，位於楠梓區德民路977號。目前由承隆國際股份有限公司經營管理，並在此設有辦公室，處理承租、退租、招商事宜，洽林副理0919194123、0982507963。承隆國際在高雄市經營管理有：自由黃昏市場、岡山黃昏市場、鳳甲黃昏市場、大寮成功黃昏市場、德民黃昏市場。

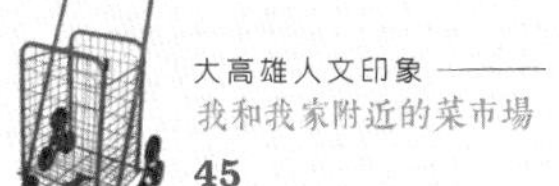

好額人的菜市仔：瑞豐市場

李友煌

水果攤上的西瓜。（李友煌攝）

千萬別誤會！看了這題目以為我是有錢人，或以為這個菜市場大概是百貨公司的超市吧？其實都不是，我要寫的是左營瑞豐市場。五○、六○年代，瑞豐曾是駐紮左營軍港美軍的別墅區，後來花園洋房林立，住戶消費水準較高，因應顧客需求，菜市場貨色及平均售價比其他市場高，才會有「好額人的菜市仔」這類形容，特別相較鄰近平價的果菜批發市場「哈囉市」，對比更強烈。

先聲明，我也不是所謂的「新好男人」——天天上市場買菜、下廚作菜給全家人享用，且樂在其中的那種。我只是偶而陪太太上市場，幫忙提菜，僅此而已。我的菜市場經驗主要來自旁觀，反映一個從小遠庖廚、不動鍋鏟、不洗碗筷的大男人的稚嫩與可笑。因此妻說，在菜市場社會，弱者你的名字是男人，我一點也無法反駁。

九班或十班。這是真實的笑話，來自我們家的瑞豐菜市場經驗。一次，妻自市場買菜回來，提著一包已經剁塊的魚，我問「這是什麼魚？」，妻回答「石斑啦！」一旁的女兒立即質疑，「媽媽，老闆不是說『九班』嗎？妳怎麼說『十班』呢？」語畢，我和妻皆捧腹。我素怕魚腥，不愛吃魚；妻逆向操作，常買魚。菜市場的魚百百種，一隻都不認識我，上菜市場，我特愛問魚名；魚都傻傻的睜眼望我，不回答，倒是妻已識十之八九，且觀魚眼翻魚鰓，便知新不新鮮。孔老夫子教我們，讀詩經可多識鳥獸蟲魚之名；我則要說，現代男人多陪太太上市場，才不會五穀不分。

陪太太上市場，有時不免抱怨菜市場裡永遠有一股特殊的氣味。妻子聞言往往立即反駁，哪有什麼味，瑞豐市場很乾淨。我認真反省，這味道是否來自虛偽做作知識分子「自以為高貴的鼻子」。但市場確實有一股氣味，那是百貨公司冷氣超市聞不到的。細細追尋，那是死亡的味道，腐敗的味道；大量待宰的活體、溫體、屍體、裸體，血水陰溝，潮滑腥暗，的確令人不快，特別是不常上市場，自以為「君子」的大男人真的很難習慣這樣的味。不過日常三餐、大魚大肉、甚至內衣內褲、鞋襪

作家檔案◆李友煌

一個喜歡讀書寫詩，個性疏陋的人。詩作家，現任高雄市教育局新聞秘書。出生於台南縣南化鄉中坑村，山村長大的孩子，從小就喜愛大自然；後來有機會慢慢接觸文學，又深深為其吸引，進而創作、研究，不可自拔。定居高雄市，喜愛這個有山有河有港的海洋城市。曾經賣過房子、做過社工員，記者生涯近二十載（台灣時報、民生報記者），就讀國立成功大學台灣文學研究所博士班，著有《水上十行紙》、《異質的存在》等書。

襯衫都假手妻子來自市場的人，有何資格嫌棄？這氣味，實在說是生活的氣味，女人久沾人煙不聞其味，男人則「嬌生慣養」聞不起。

傳統早市不但要與長時間營業、舒適明亮的現代化超市競爭，還要與配合上班族下班時間且規模盛龐大的新興黃昏市場競爭，可以說背腹受敵。早市能夠存活延續，其迎合家庭主婦生活步調的從容時間感與洋溢濃厚人情味的傳統空間感功不可沒。

不曉得是不是有錢人家主婦起床較遲還是怎樣，印象中的瑞豐市場不像「哈囉市」七早八早就開市，人聲鼎沸，動作又大又快，批發零售交易熱絡。瑞豐市場總是一派悠閒，慢條斯理，家庭主婦忙完小孩上學、老公上班，才三三兩兩來買菜，市場裡罕見摩肩接踵的情況，即使討價還價也輕聲細語，彷彿意興闌珊，沒有那種非買非賣不可的急迫；銀貨兩訖前後，老主顧和攤商雙方會聊上幾句，噓寒問暖話桑麻。瑞豐市場開市慢，收市快，營業時間並不長，中午過後，人客寥落，攤販紛紛收攤，太晚就買不到了。

除了時間的從容不迫，傳統市場的「慢活」還表現在空間安排的大氣上，較諸超市的密密麻麻、層層堆疊，一點空間都不浪費，菜市仔在缺乏保鮮設施的情況下，貨物率以當日數小時能售完為主，類寡量少，清清楚楚，全攤在檯上，所占空間不多，空出來的就留給顧客和攤商的人情味去縱橫伸展。

瑞豐市仔臥虎藏龍，蘋果先生、金飾雙胞胎、好吃水餃嬸、家電犀利哥、慷慨中藥行、成衣必殺嫂、賣菜大帥哥等，都是pro級市場人才，值得按好幾個讚。專賣蘋果的蘋果先生，是屬於那種「掛保証」「不甜砍頭」者，有陣子為補充不愛吃水果的女兒維他命C，常上他那兒買「khò傷」（碰傷）的蘋果回家榨汁，稍有破皮賣相不好的蘋果，甜脆本質不變，售價卻大降，格外物美價廉，不像有的水果商以小貼紙遮掩醜相，欺矇顧客。

手工製作的紅龜粿、芋頭粿。（李友煌攝）

市場裡還有位賣飾金的，有次逛六合夜市看見他，趨前寒喧，沒想到他卻一副不認識的樣子，等問清楚了才知道瑞豐市場那位是他雙胞胎哥哥，兩人穿著打扮髮型幾無二致，又從事同一行，也算有趣。飾金單價不高，老闆服務卻不打折，即使一處細微鉸鏈，也會不厭其煩的修到好、修到顧客滿意為止。賣水餃的大嬸服務到家，不方便上市場時，她收市後會親自宅配到府，她的水餃只能用超好吃形容，是主婦不想煮飯時的最佳選擇，我家一吃十幾年，冰箱裡永遠有幾盒凍著，以備不時之需，聽妻說她的小孩都讀到研究所，真是品質保証。

上圖：瑞豐市場總是一派悠閒，慢條斯理。（李友煌攝）
下圖：在缺乏保鮮設施的情況下，貨物率以當日能售完為主，類寡量少，全攤在檯上。（李友煌攝）

上圖：會挑菜買菜的人，大多選擇傳統市場。（李友煌攝）
下圖：市場裡罕見摩肩接踵的情況，即使討價還價也輕聲細語。（李友煌攝）

家用小電器大都購自大賣場，送修麻煩，耗時收費高，還常常一句「不能修了」就得面臨報廢命運，而報價過高不想修時，還是得支付基本費用（檢查及運送費用），極不合理，總之當初購買時的便利與服務全都不見了。自從發現市場有位家電犀利哥，問題迎刃而解，大賣場不能修不想修的，到他手上都變成小case，收費又便宜，即使勉強修理真的不划算，他也會詳細告知原因。有時，不免奢望他連嬌貴的3C產品也會修，因為消費者被迫「故障就丟」的現象，既浪費又不環保。

成衣必殺嫂店裡布置得很有fu，賣衣服舌燦蓮花、黏功一流，進去試穿，沒掏腰包，大概很難「全身而退」；因為每套衣服都被她說得那麼適合你，彷彿為你量身訂做，不買都覺得自己對不起。還有家慷慨中藥行，豪邁提供客人試吃洋蔘片，買就送大把仙楂糖，小朋友最喜歡。賣菜大帥哥斯文有禮，外表看來一點也不像菜販，他的菜把把嚴選，美觀亮眼，可以說菜如其人。

會挑菜買菜的人，大多選擇傳統市場，不是傳統市場買回來的，老婆總是一看（吃）就知。然而看到瑞豐市場越來越空曠，有時也不免感嘆識貨的人都跑哪兒去了？而看到邊幫忙顧攤邊讀書的肉販小孩那麼懂事上進，不嫌棄父母的職業，又替他們感到驕傲。

現代城市規劃漸漸不能容許類似傳統菜市場、老舊社區、夜市這種「化外之地」，務必除之而後快，而美其名曰都市更新、市容美化、環境衛生等，這種中產階級的都市審美觀往往為資本主義市場經濟服務而不自知，以合法卻不合情理的手段，驅逐原本依賴空間生存的平民百姓，將寸土寸金的都市土地提供資本家興建百貨商場、辦公大樓、豪宅華廈。仁慈點的執政者，會留點空間，弄個標本紀念；然而人去樓空，與空間強烈依存的次文化在原本空間結構消失後很難繼續存活，徒剩空殼，滿填欷歔。

逛菜市場如果能慢條斯理，享受與攤商互動、和食材共舞的時光，則人人都是好額人，到處都是好額人的菜市仔。我的菜市場經驗源自老婆的引領教誨，我的菜市場故事其實大都是她的觀察感受。我彷彿代筆、潤稿，這則稿費理應大半歸她，她才是真正的好額人。

菜市場的魚百百種，觀魚眼翻魚鰓，
便知新不新鮮。（李友煌攝）

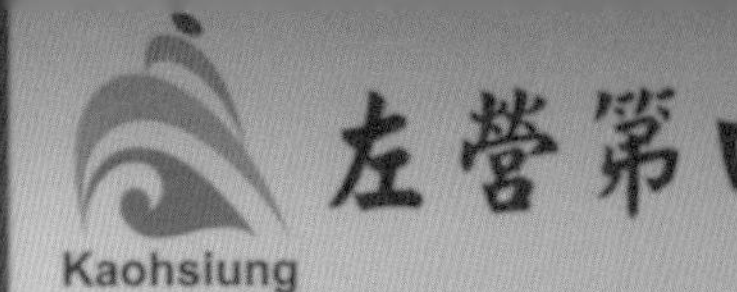

哈囉市場 我的生活教課場所

汪啟疆

哈囉市場旁矗立三山宮廟宇，彷若一處地理歷史人文自然風景統匯的驛站。

所有珍饈美味、本源出自哪裡？一切的原胚原狀，在刀工火候之先，是具怎樣的生存形態、色澤誘姿？各體各樣是怎樣呈現出價格、豐腴、碩實、向你我展露熱騰騰的市場效應和生活諸貌？

這些，都必須實質立於台灣諸類市集中最具原汁原相的傳統菜市場，才能真確體現這份—社會活力屯藏，人性基礎商貿的原點—繁盛樸摯交易，以生命力聚焦模式展現貿易之所在。

位於左營明潭路的「高雄市第四公有零售市場」，屬左營晨間、上午最稠密人口所在。它正對蓮潭路，有如另一個將左營蓮池潭收斂歸納的池沼，對屹著孔廟寅牆，旁立三山宮廟宇，直似一處地理歷史人文自然風景統匯的驛站。時間斑剝，生趣盎然；這菜市場的外圍屬一排衣飾店面，形成它萬國旗般的招徠。

走入它任何一個進口都是感動的。人在本能上就被注入了一份盈泰，感應了流往每個攤位沖擊的慾望和飽足……。你會立刻受魚攤一堆冰屑上豎立的兩個大大鮭魚頭吸引，廟前石獅子般被喚醒了食慾。緊接著，人就被蝦、貝、海參、魷魚、堆蒜、薑蔬、辣椒、香菜、牛肉、豬頭、羊塊、成條肉束、成塔蹄筋淹蓋住，它們都一剎那擠進瞳孔，更往外溢落。料理與擁有感，如一種顫顫抖進你幸福的脊椎。溫膩的、髒濁的、潮濕的、各聚其類的、美好的，自你還在母親胞胎就帶著你吸入的一切菜市場記憶，歲月全醒於此刻。

菜市場是一座巨大的長形頂屋、脊頂高豎透光透氣遮板。你恍似進入另一天地；每攤自亮燈火，深迴曲幽，內臟俱全。你就走在粘稠稠內臟肉；一堆死東西，卻活味十足。你體認到的竟是枝繁葉茂，每個攤位人氣騰騰，都像在生枝長葉。所有人都浸在黃昏溫藹的情緒光影內；量秤起落，聲幣交遞，百年在這裡，千年在這裡。

生活，不就集中在這各個蔬果、魚肉、雜貨、滷物、乾肴、醬醋裡嗎？你挪移在剖開豬肋排般的甬道間，會發現人是沒有距離的，一些陌生親切，被接納於挨擦擁

作家檔案◆汪啓疆
海軍退役軍官，婚後定居左營，熟悉眷村生活及海軍人文發展。現為社會志工及軍中兼教。

擠、側身互過的觸熱間發生，感染入菜市場熱鬧蒸薰的共化共存之呼吸內，錯肩問價的呼喚中。這麼多的生熟，這麼各具色彩的物體，這麼樣瓶罐框箱，刀砧對話，粘附親切；全世界的學問都比不上此刻的生活實價，物料瑣細；一切知識在這裡都是不夠的。

第四公有市場另有稱呼：前者正是管理名詞而少有人知，但若一問「哈囉市場」，連小孩都會為你指路。在菜市場高高的位址橫排上，就大字確切豎寫了：哈囉市場（HOLLO MARKET）。傳說昔年美國海軍顧問團有左營駐所，曾對這傳統市場入迷，寧捨顧問生活區的美式清潔超市而來這兒，哈囉來哈囉去，這親切，形成為海軍單位副食聚匯，叫慣了哈囉，誰也不理會後來市政府歸劃正式的管理名銜。

TAIWAN，THIS TSOYUING HOLLO MARKET！

大海容百川，隨你怎麼叫吧。反正每天每天，這菜市場充滿了中西交流、軍民互貿、副食總匯所遺存形諸的文化與生活節拍。我此刻在菜市場內瀏覽往返，就聽到：

「小姐太太先生，你要給我買嘸？」（通稱）

「好些工無看了，朋友呀，來買賣吶。」（人停下來了）

「削、削、削。」（俗，俗，俗）

「這按吶煮呀？」（……立刻一個熱心熱腸的短型小烹飪課程現場開始）

全世界任何地方有這般一粘就熟的人情味嗎？哈囉市場只說價不還價，也不附送薑、蔥……比較上，這菜市場買賣是相當殷厚，誠實公平價格便宜的。一處人氣菜市場，除了應有盡有，萬物俱全，誠信也屬當然因素。左營人習慣它，這兒也存在了左營時間不變的生活譜頻、節奏和人聲市聲心跳聲。所有人一進來都被菜市場調色了，所有的擁擠，熙攘都有著人的體溫；不夠清潔的環境或水澤淋漓的所在，映射出燈光所照黃花魚鱗色般夢魘的瑰麗。

菜市場透映出迷宮般，大海般，充滿專業又生活化的交易談話和趣味。

彷彿雨天菇菌，市場外果菜攤棚陸續蔓延擴伸，以致鄰旁左營仙樹三山宮的「三山國王攤販集中場」應需求而生。重重疊疊的漣漪搭建，已將原廟宇麒麟角簷，遮沒在集中場屋脊後，被罩入早餐及食品攤位們蟻穴般環扣中。

哈囉市場內的攤販。（汪啓疆攝）

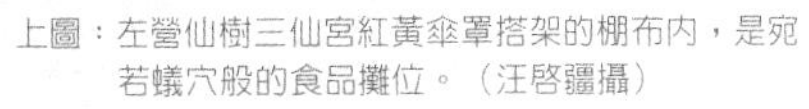

上圖：左營仙樹三仙宮紅黃傘罩搭架的棚布內，是宛若蟻穴般的食品攤位。（汪啓疆攝）

下圖：所有人一進來都被菜市場調色了，所有的擁擠，熙攘都有著人的體溫。（汪啓疆攝）

上圖：在哈囉菜市場，人人都聚合在那以物易物的源習關係與共生印證內。（汪啓疆攝）

下圖：不到菜市場，真不知人間的豐富。（汪啓疆攝）

你會立刻受魚攤一堆冰屑上豎立的兩個大大鮭魚頭吸引，廟前石獅子般被喚醒了食慾。（汪啓疆攝）

而孔廟牆垣及禮門外停滿整排送菜車輛，蓮潭路旁已全屬藍紅帆傘罩布搭架的、機動車輛後貨間堆陳的水果攤位。包括南化龍眼、關廟鳳梨、青龍高接梨，玉井芒果，台中荔枝，內山蕉、旗山蕉……形諸果類集匯，一個台灣土地寫照的縮景。

在哈囉菜市場，人人都聚合在那以物易物的源習關係與共生印證內。大群同質性攤位集中，也競爭著，但它們彼此客氣，不爭客，不貶人，不相擾，不比價（只比貨）。他們濡沫以需，親切共容。若有爭執也會被人勸住，隔一會其一就會拿冰綠茶給另一，充滿了東方基層的人文修養，和睦和解。他們就像十穀養生漿、薏仁漿、綠豆饌，八寶冰，愛玉冰，仙草，粉圓，鹹圓仔放在一起共容共在。菜市場的下午內裡都恢復了棋盤般整齊（中午收市後立即清洗整理），又具親切紊亂（生意的歡喜和引燃的餘韻）。

不到菜市場，真不知人間的豐富，刀工的細膩，取材的準確。君子遠庖廚，但君子應該隔幾天去一趟菜市場。那是更大學問的人生課程展示場。

我曾問過妻：一個菜市場，怎麼妳一進去就失蹤了，我在外頭等得視盲髮蒼齒動搖，妳還不出現？

她簡單而不屑的回一句話：你不懂。

我確實不懂。直到陪她去多次涉足哈囉市場，我開始尊敬所有進出菜市場的人。我自己也融化在民族人文現象最具實體顯現、生活節奏的鮮活裡；對哈囉市場充滿熱力、氣氛、澈悟和感激。

哈囉市場周邊的雜貨乾貨店。

TEL (07):3852077
決明子
綠豆、麥仔
自製破布子
綠豆粉絲
綠豆粉絲
新竹米粉
新竹米粉
新竹米粉
各種青草
北港麻油
手工麵線

忠孝夜市

鍾順文

秋水堂日本料理。精心設計和調配的套餐、定食，經濟實惠。經營多年的老店，特別優惠老師、市政府與中油、加工區員工。（鍾昀融攝）

忠孝夜市的養顏果汁專賣店。

當燈火逐漸通明之際，也就是他們每個排位開市的時候，四面八方的食客魚貫而來，不多時，大部分的攤位都坐無虛席。

這裡以小吃為主，大凡米糕、麻辣燙、麵線羹、黑輪、炸雞、越南菜、川味、烤鴨。各式飲料以及各類飯麵萬萬俱全。除了小吃尚有日本料理的餐廳，素食餐廳亦有三家，唯規模不大，十坪內的範圍而已，唯獨日本料理那家規模比他們大些。

有時，這裡越夜人潮越多，主要以夜生活的人群居多，像上班小姐，加班的族群或喜歡吃宵夜的，甚至有人睡了一覺，醒後有點嘴饞便往住處的附近忠孝夜市解饞。

平日的人潮不比假日的人潮多，每逢週五、六晚是人潮顛峰之時。尤以上班族，一旦放假，他們像被釋放的獅子，有著想要爭食的心態，一古腦兒就往這裡找滿足感，以解饑渴之糾纏。

主要他們都以平價來招攬食客，皆以很公道的價格取勝，除非是時菜，他們不要訂出價格，都以時價論定。

值得一提的是一進夜市的第四家，他們以飯麵為主，比如鮭魚炒飯以及花枝麵羹，蝦仁麵羹或者海鮮麵羹，皆以大火快炒處理，味道十分道地，往往滿客。至於等在攤位前的外帶者，往往兩位數以上。他們的料理會說話，是一家有口碑的店。

接著是大約第九家廖土魠魚，也是大家所知的名氣店，已經經營三十餘年了的老店，因內部的座位有限，大部分都以外帶為主，他們的麵線羹也挺有名的。

位於中間的米糕店也是很特殊的小吃店，是父輩傳給兩個孩子經營的，一旦忙起來，也是需要父母及姊弟幫忙。他們的米糕可謂色香味俱全，若加上一顆黑色的小鐵蛋，更是入口悅心，十分滿足，邊吃邊喝他們的四神湯，那絕對讓你一路吹口哨高歌回去。

這裡的飲料店可謂佔了夜市的三分之一，各式各樣的飲品皆有，還有刻意研發新色

作家檔案◆鍾順文

一九五二年生於印尼雅加達，專司寫作。現任臻融美術館藝術總監、中山大學及高雄師範大學詩社指導老師。作品譯成英、日、韓文出版，並經常入選海內外選集。著有詩集：《六點三十六分》、《放一把椅子》、《頭髮和詩》、《刺青的時間》、《空無問答》、《愛的進行式》、《鍾順文短詩選》。散文集：《舞衣》、《I大調》、《浪漫高雄》。

澤新花樣新味道的怪飲品，他們一陣子也以特別削價作為競爭。大部份的飲品店也跟著以優待的特價搶生意，看了令人心酸，為了討好客群，不惜血本，更不顧商業情份，能爭得蠅頭小利，也再所不惜。

至於經營餐食的店，少有此等現象，因為重覆品味或樣式差不多的店少，大都以特殊料理或特別風味的號召推出。那種相似度幾乎少之又少，無法以價格去比擬，也就不用以怪招攬客。

時逢暑期，正午若至秋水堂日本料理進餐，稱得上是一種享受，該店是一家老店，擁有多年的豐富經營，不管套餐或定食，都是經過精心設計和調配出來的，他們特別優惠天下所有的老師及高雄市政府與中油、加工區員工，而且亦可憑證九折優待。

想再提及的是咱兜灶腳店，該店主推煲與鍋類、紅油抄手、油飯，而麵類次之。他們經營的理念是以平價取勝，因為風味上與眾不同，又有其獨特之處，往往供不應求，探味者絡繹不絕。

然而三家的素食店也值得一提，其中廣誠素食店，口碑不錯，有遠處的外叫者喜歡訂餐，主打素食滷味及飯麵，湯頭十分獨特，素水餃也很叫好，是一家人人稱羨的老店。另一家是蔬果園素食店，他們以素炒飯見名，輔以傳統的炒菜為主，菜色不少，也是一家經營多年頗受歡迎的店。至於另一家聖林素食店，主打以熱湯燙滷味、青菜等，各類各式的燙法皆有，其浸進的風味各有不同，也是一般較不食燒烤鹽酥雞者的另一福音，該店亦以低價招攬顧客。

忠孝夜市雖然各賣各的餐點及宵夜，但價格上的競爭也十分激烈。尤其這幾年的景氣不是很好的情形下，各家都會在價格上動腦筋，往往會考慮帶給顧客們是那種「俗又大碗」的一種喜悅和享受。

逛忠孝夜市，不需濃妝異服。你想輕便親近無妨，有的穿木屐走來走去，有的套上拖鞋，就歡歡喜喜的大啖南北小吃。大部

廖家魠魠魚羹。

廖家魠魠魚羹。經營三十餘年的老店，麵線羹也挺有名，空間不大，內部的座位有限，卻是眾所皆知的店。（鍾昀融攝）

米糕外帶 Glutinous rice cake(to go) 30
米糕 Glutinous rice cake 30
割包 Steamed sandwich 30
麵羹 Thick noodle soup 35
米粉羹 Thick rice noodle soup 35
香菇肉羹 Thicken Mushroom and meat soup 35
四神湯 herbal soup 25
滷蛋 braised egg 10
貢丸 Meat ball 5
何媽媽米糕
MOTHER HO

上圖：大寶麵攤。以飯、麵為主，如鮭魚炒飯、海鮮麵羹……十分道地，大火快炒的料理會說話，是一家有口碑的店。（鍾昀融攝）

下圖：何媽媽米糕。香菇肉羹是招牌，米糕加上一顆黑色的小魯蛋，再配上四神湯……十分滿足顧客的心。（鍾昀融攝）

上圖：聖林素食館。燙青菜、種類繁多的滷味、各式各樣不同的風味，是一家平價多重選擇的名氣店。（鍾昀融攝）

下圖：養顏果汁專賣店。以新鮮水果，現點現榨，可作單味或多種水果的綜合果汁，果汁機　轉個不停，兩位媽媽忙得不亦樂乎。（鍾昀融攝）

分都笑口常開，喜悅滿滿，一起分享箇中美味。少有帶臭臉，或自抬身價，一張苦瓜或不屑的表情，看得讓人口中的飯都難以下嚥。

忠孝夜市位於青年路與忠孝路的交口，算來位在高雄市區的心臟地帶，給人的印象，生意僅次於六合和瑞豐夜市，地理位置適中，難免穿梭的人群多，大半上班族群居多，至於慕名前來的客人亦有之。

前段有一家ㄚ姐山東鴨頭，也值得一嚐。至於在它旁邊的養顏果汁專賣水果飲品店也是家喻戶曉的一家，它全以新鮮水果，現點現榨，可作單味或多種水果齊榨的效果出來，往往有遠處或順路者前來點購，經常看到他們果汁機轉個不停，兩位媽媽忙得不亦樂乎。

其實，夜市算得上是大雜燴的地方，好的方面是各路英雄好漢聚集的地方，可以從中學到很多不同的技藝、學問和經驗。但它也是一個龍蛇混雜的所在地，更是一個藏污納垢的一角，不管從內在的環境和衛生，若稍不同心維護，很容易招來螞蟻、蟑螂、老鼠，甚至昆蟲過來，滋生出一些疾病，這是不可不重視的地方。

往往從朋友口中得知，他們有很多的好因緣，是從逛夜市得來的，也從中獲得很多常識和理念，最後變成很要好的朋友。可是，一個不小心就交上一些壞朋友，可能學到了不好的習慣和不良的行為，而種下了吸毒、賭博、偷盜的根基，那就倒霉透了。所以，我們不管到任何一個氣氛不錯的場合，都要提高警覺和好的領悟，才不至於一錯再錯。

有一些推車過來的攤販也不少，那些攤位真是寸土寸金，只要能擠進的地盤，都少有開天窗的時候。像水果攤、用酒浸凍的雞翅膀或鳳爪凍的滷品、偶爾出現的小飾品、T恤、都可能佔有一地之席，不管是固定的或流動性的攤販，個個在凌晨三、四點收攤時，都帶著滿足喜樂的表情回家。

歷史◆忠孝夜市

忠孝夜市位於國民市場的西側，從青年一路入口至四維路的忠孝一路上，地處高雄市區的心臟地帶，近年來已發展為觀光夜市。

攝影：鍾昀融

養顏果汁專賣店。

鳳山兵仔市

陳朝震

尚未人工催熟綠香蕉。

紅潤飽滿的柿子。

雖然住家與鳳山兵仔市同在五甲路，但是每年去鳳山兵仔市買菜只有一次。

那是每年農曆年除夕前一天，一大早老婆就吆喝著要我跟她去兵仔市買菜，為的是搶鮮並且菜色多價錢也較便宜。我的任務是幫忙提菜。

每年也只過年時到鳳山兵仔市買菜一次，為什麼離住家不遠又賣的新鮮便宜的菜，每年只去採買一次，因為兵仔市太大了，往往要在這邊買了一把蔬菜，要再買一塊豬肉，要在擁擠的人群走上幾十公尺，買一樣水果又要再走幾十公尺，又要買一束鮮花又要再回頭走上百公尺。所以上兵仔市採買，應適合大量採購，例如批貨的小販，大型的餐廳，以及團體採買的軍隊才適合。鳳山附近駐紮軍隊不少，又有三所軍事學校，陸軍官校，陸軍步校，陸軍士校，採購量很大。位在仁武的軍事訓練中心，遠在林園的海軍陸戰隊都不辭路途勞頓前來採買。同時負責採買的充員兵，不同於一般商販喜歡討價還價嫌東嫌西，軍中伙伴買賣乾脆不添麻煩，交易量也不小。所以商家都樂於和軍隊採買交易，「兵仔市」之名因而得來。

我上面所稱的「兵仔市」，其實是指兩個地方。第一個地方全名是「鳳山第一公有零售市場」，位於中山路上鳳山戲院前（鳳山戲院後來改建為大統百貨公司，又再改稱A＋1商場），是一個日據時代用木材搭蓋頂棚的建築。由於國軍進駐交易量大增，本來是在棚內的市場，攤販慢慢向外擴充，擴充為成中山路成功路三民路維新路所包圍區域皆是市場交易場所。最後更蔓延到雙慈街及五甲路。中山路何以稱中山路是因為官方商業中心在此，銀行戲院醫院高雄客運皆落腳在這條路上。三民路是有遠近馳名的傢俱中心，購買神明桌、辦公桌椅、新婚添置桌椅都一定要到三民路。採購完大件物品再進入窄小短促的成功路，添購結婚金飾，新居裝飾燈籠，以及妝飾百貨。也就是說不管新居落成新婚喜事最後都要走進成功路這條小巷子添置完畢才叫大事成功。而當時維新路還沒開闢，被滿滿的攤販佔據。

作家檔案◆陳朝震

正港高雄在地人。一九七四年集發表於各報章雜誌的文章，出版散文集《空空的一把》後擱筆三十五年。二〇〇九年重拾鏽筆，得「打狗文學」散文獎。二〇一〇年出版《巧婦常伴拙夫眠》散文集。

鳳山第一公有市場這個兵仔市擴充之後，也不過一二十年又不敷需要了。攤販溢滿街道阻礙交通，採購車輛無處停放，加以木造棚架低矮通風不良易釀火災。在一次祝融光顧後，兵仔市正式遷到新建在五甲路稻田的「鳳山市果菜市場」，寬闊的場地不僅四周備有停車位置，屋頂及地下室都加蓋停車場。

既然兵仔市由鳳山第一公有市場，遷到鳳山市果菜市場，同樣和軍中交易，所以至今仍有許多人習慣稱新址叫兵仔市。至於舊址一直保持運作，只是規模小了很多。

新址「鳳山市果菜市場」還有一個名稱叫「鳳農」，因為隨著鳳山市果菜市場新建啟用，鳳山市農會在此設有辦公處，並且開辦「鳳農餐廳」對外營業，鳳山轄區農民朋友均在此舉辦活動，對外宣稱此地叫「鳳農」，以避免新舊兵仔市之混淆。也免掉官方冗長饒舌之名稱。

兵仔市遷到新址，因為場地寬闊交通順暢停車方便，生意更加興隆。許多商家紛紛進駐，大盤水果交易，大盤鮮花販售都在此設站，並且增設大型冷凍庫，進口的水果和冷凍魚肉均集中於此。

鳳山果菜市場是全年二十四小時運作，幾乎全年都是燈火通明，即使是白天。大概最平靜的時候是上半夜，那就是進貨的最好時間，一輛輛大卡車進入，卸下進口的冰凍魚肉送進冷凍庫。幾個壯漢小心翼翼的把中部送過來的西瓜安置好，他們要趕在午夜前卸貨完畢，否則人潮擁入，大卡車就開不出去了。

果然，過了午夜人聲開始沸騰。在這裡只要是吃的，你要買什麼都有，包括現吃止饑的小點心。和普通菜市場最不相同的，絕對沒賣衣服化妝品之類。往往家庭主婦上菜市場，看到漂亮便宜的衣服會順便為自己買一件。在這裡我們看到賣衣著的，只有工作的圍裙和防水的雨鞋。

在兵仔市，我們又看到一個特殊的行業，替人送貨。當顧客買好物品後，並沒帶走，囑咐老板寫上車牌號碼，繼續上路採買。過一下子就有送貨員前來取貨送至車

鳳山鹹米苔目搬到維新路。（陳朝震攝）

上圖：大盤水果交易。（陳朝震攝）
下圖：大盤鮮花販售都在此設站。（陳朝震攝）

上圖：壯漢小心奕奕的把中部送過來的西瓜安置好。（陳朝震攝）
下圖：過了午夜，市場人聲開始沸騰。（陳朝震攝）

上。這也令人稱奇，幾百輛小貨車排在兩邊外側，他竟能準確送到，這應該有某種默契存在。而放在無人看顧的車上不會丟失，也令人稱奇。免不了送錯貨上別人車，在現場我聽到這樣廣播：「1234號車主，你的一包大骨在5678車號上，請趕快前往領回。」

現在的兵仔市就在這人聲雜沓中，卻很有效率的進行。過午才漸漸消息。不同的，在老兵仔市過午只有一家賣米粉湯的切仔擔獨撐場面，這家老店已開張八十多年，現在由第三代的歸國學人的兩個女兒掌櫃，兩個皆是留學日本，一個讀農業發展，一個讀商業企管。她們說是不務正業，我說是回歸本行。有那種行業比八十多年的老招牌更穩當。可是第二代老父親瞭解這個攤位將趨於沒落或被改建，早就在花園街住家另起爐灶，用自己很特殊的名子取店名叫「扱吧切子擔」。

在這古老幽暗的兵仔市，我依稀記得在對面稀微的角落，多年前遭祝融光顧後，已曝曬在陽光下，曾經有一位老阿嬤單賣炒米粉和魚丸湯，賣的很便宜也很威嚴。有一個白目少年家對老阿嬤說：「多加點油，多加點豆菜，會更好吃。」老阿嬤披散著白髮插腰怒目說：「我是趁你外濟，一碗賣你十塊錢，也要加油也要加菜，我不就倒貼。」嚇得那少年家不敢抬頭。

我每次來兵仔市吃飯都會想起這位威嚴的老阿嬤，也曾向切子擔的扱仔提起。他說：「這樣賣法已不合時代，我也準備收攤了。」是的不合時代了。大家紛紛轉移陣地，扱仔在住家開新店。鳳山鹹米苔目搬到維新路，我常到此午餐，店內有一張老板與馬英九先生的合照。鮰魚湯遷至中山路，晚餐我常覓食此家，一碗魯肉飯加上一碗味噌鮰魚湯，即可飽食。他不像一般店家為方便偷工先把魚肉煮熟，等客人要時，加湯上桌。這家完全現煮現賣，味道十分鮮美。所以他在火爐邊忙的一頭大汗，客人也絡繹不絕。

鮰魚湯遷至中山路。（陳朝震攝）

至於搬到五甲路的新「兵仔市」，改名「鳳山市果菜市場」，又稱「鳳農」的地方。我經常路過，要不是這次奉命前去採稿，五年來不曾進去過，因為它賣的全是生鮮食品，不是老孤倔覓食的地方。老婆已離去已近五年，逢年過節我不用再擔任提菜的重任。

橋仔頭街市

火花去

橋頭黃昏市場。

橋仔頭，意思是橋頭，表示這裡有一座橋。在十八世紀清代乾隆的即有文獻稱之為「小店仔街」，顯然有店，但是不大，比阿公店還小一點，不過阿公店並不是真的店，「阿公店」是西拉雅族語「竿蓁林」之意，小店仔倒是真的市集。是府城到縣城的中途驛站，也是南來北往的補給站。

橋頭往東是燕巢，燕巢原為「援剿」之意，是因援助剿匪而命名的，不是因為燕子築巢而來的，橋頭往西有「援中港」，鄭成功的中軍衝鋒部隊屯田在橋頭的東側高地，名為「中衝崎」，因貿易形成一重要的內港轉運站。所以人、錢、貨的交易早在當時就已熱烈展開，而從小店仔街到橋仔頭街，有一說因為匪寇出沒不定，善良百姓要從聚落外出總要在「允龜橋」橋頭相候結伴而行，故名之，「橋仔頭街」逐日成為南北二路，東西山海交會的市集。

直到日本人統治台灣，一八九八年為了蓋第一座新式製糖廠進行週邊清庄屠殺，於是一九〇一年橋仔頭街因為糖廠設立成為台灣第一條街道改正的街市，而同年南來北往的縱貫線鐵道也開通了，進入二十世紀，這裡的面貌也領先全台灣轉變了。

說那麼多回到菜市場吧！現在的菜市場原本是日本人就讀的「打狗高等尋常小學校橋仔頭分教室」成立於一九〇七年，傳說中跨過仕隆圳的「允龜橋」在日本時代名為「學行橋」，也就是要讓小朋友走路上學的橋，原本還留著四座橋頭墩柱，直到二〇〇九年橋仔頭街拓寬時消失了。橋仔頭是橋頭區的市區也是現代化的櫥窗，因為橋仔頭糖廠設立以致大量農地遭到強徵與收購，橋仔頭自日本時代以來聚落形態並無更易。二十世紀，橋仔頭街就在台灣最大的產業聚落旁，在最先進的鐵道鐵道旁，與南北縱貫線公路毗鄰，直到二十一世紀的今天，最先進的高雄捷運在橋頭區就有三個站、就連台灣高鐵都經過橋頭區境內，所以橋仔頭想要成為避遠的鄉村有先天地理上的困難，同時也因廣大的農田維繫著特有傳統聚落形態，這些條件是形成橋仔頭街市歷經三百年不衰的根基。

作家檔案◆**火花去**

火花去，本名蔣耀賢。曾在大學任教，唯翹課率高於學生，現在「白屋」燒柴泡茶，四界交遊。二〇〇二年「搭一間樹屋」反抗高雄捷運不當砍伐老樹，二〇一〇年「蓋白屋」策展新台灣壁畫隊。「三宅一生」！正在等待下一間屋子的誕生。

橋頭糖廠一景。

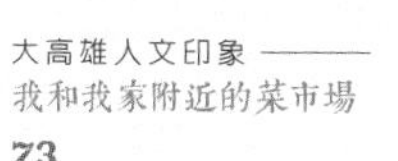

菜市仔可概分為「早市」跟「黃昏市」，橋仔頭菜市仔是典型的黃昏市，早市通常是較新鮮的，故也有人稱黃昏市是垃圾市，因為蔬果魚肉批發都在清晨前便開始進行，通常早上賣不完的才會淪到黃昏市場。但在橋仔頭菜市仔卻全然不是怎麼一回事，自我懂事以來，橋仔頭菜市仔就是橋頭地區貨品最新鮮，規模最大的菜市仔，每到黃昏時菜市場旁的台一線很自然地被機車與腳踏車佔滿慢車道，台一線那時稱為「軍路」，據說是為了煉油場的輸油管與岡山空軍基地而拓寬的柏油馬路，「軍路」現在回想起來也不過四線道，是當時最寬闊的柏油馬路，但是一到黃昏時就成了購物廣場的人行與機慢車廣場。

橋仔頭小學校改建為市場一方面是因為區域的消費需求，一方面則因為當時橋頭隸於楠梓庄，所以境內小學被輿論要求遷到現今雅歌鋼琴所在地，以象徵行政主權及區域平衡，這也是為何在一望無際的甘蔗園當中會有一塊學校用地，而後來轉賣給雅歌鋼琴成為七〇年代橋頭鄉的入口意象。而從小店仔街到橋仔頭街，再到現在大家熟悉的橋仔頭黃昏市場，也得利於戰後區域小型工業區的大量興起以致職業婦女大增，特別是楠梓加工出口區的成立讓婦女的購物消費的習慣轉變。於是，我們對這條街的記憶從文獻中聚落形成初始的小店仔街，到群聚發展時的橋仔頭街，到日本時代街道改正的現代化街市，已經徹底轉型為庶民往來活絡的黃昏市仔。

從街市到菜市仔，其實是一個大轉變。橋仔頭街在二十世紀不僅是明治時期第一條新概念的街道改正，同時也因為產業的發達引來許多仕紳階層與消費文化，不是只有紙醉金迷的酒家，還有許多風格獨特仿巴洛克樣式建築，保留著許多傳統院落隱身在街屋深處，而日本時代開始出現許多醫生館，帶來西化的生活品味與和風文化。其中有一位來自府城的林錦生醫生，一九一二年與蔣渭水共同加入同盟會台灣分會，一九一六年來到橋仔頭行醫，也許大家都不陌生這條被近代稱之為「台灣民主第一街」的橋仔頭街，緣於一九七九年「聲援余登發父子匪諜案」的戰後戒嚴時期第一次黨外遊行，當時我們陳菊市長也參與了這場重要的戰役。所謂民主運動顯然是不同世代不斷奮進的過程，有無數的故人與過客共同成就了這條街的靈魂。

有點可惜，靈魂不太容易看見。小時候我經常赤腳跟著阿母或姐姐享受逛菜市場樂趣，身處在人聲鼎沸的熱鬧街市，雙腳經常為著踏到菜汁與污水而遲疑不決，雖是苦惱卻還是不習慣穿上鞋子，於是菜市仔的記憶除了迷人的熟食味道和光鮮食蔬就多了一份擺脫不掉的黏膩感。這份黏膩隔著大水溝就是林錦生家族的故居，咫尺一幢座落在叢林蓊鬱的高牆內，環境靜謐與市井喧嘩的吵鬧形成一種巨大的莫名的奇異感受，公共廁所在肉脯店旁瀰漫著濃濃的刺鼻味，農藥店前面擠著幾攤小販，不時傾流的各種液體漫佈在崎嶇不平的土地上，微暗市場裡灑落幾縷叢林的綠光。

國小二年級我與林錦生醫生的孫子同學，在他當小留學生之前我有幸受邀到他們家一回，進到玄關看見幾台日本進口的大型電動玩具有點不似在人間，是我童年的深刻印記之一。不久他們全家移民到美國，

上圖：橋仔頭黃昏市場一隅。
下圖：橋仔頭黃昏市場內的雜貨鋪。

上圖：台灣第一條街市改正的橋仔頭街原貌（黃仲淇攝）
下圖：林錦生醫生館前最後文化導覽留影（蔣耀賢攝）

這片樹林變成了幾幢公寓與透天厝，一條新文化的仕紳街市品味就逐日隨著市場消費文化更易。二〇〇九年橋仔頭老街風華再造計畫將老街拓寬，切割掉所有日本時代街道改正的立面，同時也拆除掉所有戰後隨性的招牌與違建，意外發現林錦生醫師落腳的第一間醫生館，完好地存在拓寬道路界線之外，一幢經典的二層土磚造樓房，彷彿從百年前來到眼前。住在對面年近九十的林老師說，他的童年就是看著先生娘在陽台喝下午茶，屋裡不時傳來典雅的西樂。

林添財老師彈著鋼琴對我說，要是真能將這幢房子買下來，他願意每天下午到屋子裡彈鋼琴，不過屋主還是決定拆了它，林老師問他說：「那老街在那裡？」屋主也是他的學生，悻悻地說：「這種房子，土做的，見笑啦。」雖然我們一群人願意出個好價錢買下這幢房子，但他連同余登發老先生的故居一樣消失了。至於原屬台糖的市場所在地，在所謂地方民意的要求下改建成嶄新的鐵皮屋，適逢高雄縣市合併貼上幾個鮮明的大紅字：「深耕蛻變，迎合新局」。好歹這也符合當下大家對橋仔頭的印象，二十一世紀的光明前途，無關乎什麼第一街或老街變遷，是各式網路流傳的小吃與傳承幾代的美食。「吃飽未？」繼續吃吧！

明治時期街道立面與巷弄（謝宛真攝）

在歷史廢墟裡找尋線索的新世代（蔣耀賢攝）

觀音山與山腳市仔

莊金國

秀勁十足的蔥油餅。（莊金國攝）

高雄縣市合併前，高雄縣政府於二〇〇三年舉辦「高雄縣十大名山」網路票選活動，結果，海拔高度僅176.9公尺的觀音山，以高票入選。可見，現代名山，不一定要高，而要有引人入勝的特殊景像。

觀音山位於大社區東側，因山麓有一岩石長滿青苔草叢，屹立如屏，號稱翠屏岩。山腳下的大覺寺，清康熙年間建寺之初，即取名翠屏岩寺，另有一說，寺內供奉觀音佛祖，俗稱觀音寺。至於觀音山地名的由來，除了跟觀音寺有密切關聯，也因寺後山脈群峰中，有一峰如觀音菩薩端坐狀。清領至日治初期，觀音里轄區涵蓋了今之大樹、大社、大寮。

在古鳳山縣年代，觀音山的翠屏岩，曾被騷人墨客喻稱「翠屏夕照」，名列鳳山縣八景之一。今之觀音山，則成了遊客登山健行的赤腳公園，主要是山區的土質細緻，台語叫做土砂粉，赤腳行走其上，腳底觸感柔軟舒適，連細白嫩肉的女子也可以一路走到底。但得注意，由砂岩形成的山丘，容易風化，尤其是大雨後，飽含水分的土層，隨時有崩塌之虞。余政憲當高雄縣長時，在觀音山成立全國第一座赤腳公園，並配合設置環保公園，宣導加強水土保持，保育自然資源。

觀音山的主要登山步道，由猴子山、尖山、觀音山、駱駝山的稜線及谷道形成，這四座小山，從谷道上稜線，坡度陡峭，有些岩壁適合吊掛繩子訓練攀岩。從地勢平緩的環保公園上升至「高速尾」休息站，這條步道是登山客所謂的觀音山競走高速公路。高速尾有小試身手的攀岩場、涼亭及一些伸展運動的設施，有人喜歡在涼亭泡茶、下棋、講古或當眾揮毫，亭外常見大小朋友搖呼拉圈。

自然形似某些物象，是觀音山地形的特徵。最近，詩友楊荘、李昌憲引領筆者至觀音山「尋寶」，山腳小徑旁竟然隱藏著自然天成的台灣形狀浮雕。這塊長約四尺半、寬約一尺半的自然瑰寶，能夠保存至今，殊為不易，因她形成於地面，兩旁有步道及山溝，既怕不知情者踩踏，亦耽慮山洪沖刷，處境岌岌可危。楊荘為此賦詩

作家檔案・莊金國

莊金國，一九四八年出生於高雄大樹，從事新聞工作二十七年，著有詩集《鄉土與明天》、《石頭記》、《流轉歲月》及報導文集《台灣流動見證》、《文化南國（合著，負責高雄縣市》。

「台灣石」，是觀音山難得的特殊地景。（莊金國攝）

〈台灣石〉，揭露一段保護台灣石的真實故事：曾見一老一少，在溝仔邊用土石奠基及做護堤，以免山溝逐漸擴大，侵蝕到台灣石；這老人已連續護持好幾年。台灣石與連結的土地，均屬砂岩地質，石面生長青苔，中央直線部位浮凸，宛如台灣的中央山脈，西南邊也有酷似高雄港灣及高屏溪出口的凹下低窪處，端詳之後，令人嘖嘖稱奇！這使我聯想到林園區清水岩，同樣有一塊台灣石，高丈餘，寬約四尺，其台灣模型顯現在珊瑚礁岩壁，簡直唯妙唯肖，有緣進入小峽谷一探究竟者，莫不讚嘆大自然的鬼斧神工。

早年，古色古香的大覺寺，常有各地信徒來朝聖拜佛。有人潮，自然會形成市集。農曆年期間，寺前廣場更加鬧熱滾滾，南北貨大會串，吃喝玩樂到天昏地暗。

觀音山風景區成立後，上山遊覽的人潮、車潮一波波，加上掀起了登山運動風氣，原本聚集在寺前廣場的攤販，從山腳下擁往南北兩端的登山口。北邊因近鄰大覺寺，攤位較密集，大覺寺為美化攤區環境，近年來在其北側牆外開闢「翠屏幽境」，建造兩道美侖美奐的長廊，提供攤販租用，既可遮日避雨，也使這個俗稱山腳菜市仔的週休二日市集，不再予人雜亂無章的觀感。

大社的農特產，以棗子最出名，因此標榜為「棗子的故鄉」。棗子盛產期在冬季，屆時，通往觀音山的中山路沿途，幾乎擺滿了兜售棗子的攤位。中山路旁也有綠竹園，叢叢「竹抱仔」被枯竹葉覆蓋著，不時會冒出脆嫩可口的「綠竹筍」。山腳菜市仔一年到頭出現當季生鮮竹筍，包括烏腳綠仔、麻竹筍，連外地生產的桂竹筍、孟宗竹筍、大箍（胖）筍也來爭奇鬥豔。

攤販中，有些可以辨別出自產自銷的農民，擺出的蔬果種類少，賣相參差不齊，價格好商量。專業的菜販仔和水果販，攤位多、種類多，自早晨賣到黃昏，累了，就假寐片刻夢周公去也。寺前廣場的蕃薯攤，常見顧客大排長龍，人手一包香噴噴的烤蕃薯。近登山口賣蔥油餅的，現場煎

在涼亭練書法的山友。（莊金國攝）

上圖：稜線分明的觀音山。
下圖：觀音山及大覺寺。

上圖：果販顧攤太累睡著了。（莊金國攝）
下圖：生鮮竹筍。（莊金國攝）

起餅來，秀勁十足。開設店面的愛玉仔老闆，以買四送一方式行銷，檸檬汁、糖水任憑取用調味，店門上方擺了兩隻南美洲產的蜥蜴，門口也有一蹲著的犬偶歡迎光臨。

山腳菜市仔形同夜市仔，深坑豆腐、原住民風味香腸、烤豬肉、麻糬和多種台灣料理，或打著其它鄉鎮農會特產及加工食品，琳瑯滿目，看得人眼花撩亂。

「我的過貓上讚！」（莊金國攝）

大覺寺週邊，本就林立著土雞仔城。近幾年來，流行桶仔雞、甕仔雞，有的未設店，就在路邊搭棚烹煮燻烤，香氣誘人下車品嘗可口後，買全雞或半雞到目的地大快朵頤。

挽面，是即將消失的行業，山腳菜市仔也有人掛牌招攬顧客。挽面者備妥白色粉末、小粉刷、細繩及板凳，就在樹蔭下或廊道為人挽面。精通這種傳統手藝的婦人，年過七十還在做，其前提須有好眼力。

觀音山區是阿里山系的餘脈，丘陵地形群峰競秀，其中的猴子山，尚有數百隻台灣獼猴棲息，偶爾會有一小群外出覓食，遇上登山遊客，環保公園附近立有告示牌，提醒大家：「愛牠，就不要餵食她」，以免母猴繁衍過多，致生態平衡失控。事實上，猴子才是這裡的原住民，人類因觀音山風景優美，侵擾牠們自由活動的場域，也該知所節制。

座標◆觀音山 山腳菜市仔

循國道一號（中山高），北上至鼎金交流道右轉國道十號（旗美線），抵仁武交流道直下，到大社中山路右轉往觀音山。南下，至中山高下楠梓交流道，第一個路口是台二十一線往旗山，再下一個路口左轉就是往觀音山。山腳菜市仔位於大覺寺左側「翠屏幽境」，沿線至登山口。

吃吃戀戀在小港
小港第一民有市場巡禮

潘弘輝

小港第一民有零售市場一隅。

小時最喜歡跟媽媽去菜市場，那時的市場處在一堆建築物裡面，每次總有進入某個誰的神祕腹腸裡的幻想，肚子裡比較寬闊的一大區塊是肉攤，燈光較亮、較足，蔓延出去手臂裡的血管小路旁是菜販、水果攤，每次逛到手臂最末端的手掌心，總有一個頭髮花白的外省婆，賣些有的沒的搾菜、醃蘿蔔之類的怪奇東西，然後捧出一包自製黑芝麻，媽媽總會買一丸，讓我回程路上偷捏著吃。

後來家搬到附近，舊市場也遷到家附近蓋了新市場，回字型設計，四邊都有出入口。這便是我家門前的小港第一民有零售市場，市場蓋起來後我去北部讀大學，對未來的期待與想像都在北部，以至於當完兵回來對它也沒多大興趣，又直到爸媽去世後，我繼承留下來的房子，才開始與它建立感情。

一開始我覺得它沒啥特色，小港地區並沒有風俗名產，該有的、會賣的都跟他地沒兩樣，所以並不會覺得特殊，加上規模中等，在比評上找不出醒目的強項，可有意思的是一年一度的中元普渡，市場管委會總會請兩攤表演節目來，一攤在市場北出口演布袋戲，另一攤在東出口演脫衣舞清涼秀。目的要犒賞一整年來那些雞鴨豬牛的死魂活靈，好讓牠們款好包袱早早去投胎。

對這個市場的最強烈印象，就是那曾在我家門前不遠處空地上搭起的正宗脫衣舞，除了露奶跳舞之外還兼表演傳說中的十八招，雖然那已經是二十年前的事，但人山人海爭相擠破頭萬人空巷的場面，只為一場神奇的書法表演，還真不是蓋的。果然種瓜得瓜，十多年後原空地蓋了純白豪華氣派汽車旅館車輛川流不息，也許只為了回應當初無心插柳種下的一個脫衣舞因緣。

賣大同小異的東西也會蘊藏不一樣的人情細節在裡面：同樣是水餃，不知為何就是對市場內五十元一盒的攤商情有獨鍾！北遷桃園的弟弟一家也喜愛他們包的水餃，還曾要我低溫宅配二十盒北上讓他們大快朵頤一番；清明節一早要去排隊買現做的

作家檔案◆潘弘輝

曾獲吳濁流文學獎小說佳作等獎，出版過《水兵之歌》等幾本書。曾任報社編輯，以及幫文學台灣基金會執行作家身影訪談等專案。

潤餅皮，只見攤商手舉一坨軟硬度恰好的麵團，神功甩一下黏在圓熱鐵板又將麵團回到高舉的一隻手上，動作熟練技藝優美，兩秒鐘唰地撕起一張潤餅皮，又再甩一下，唰一聲，又是一張！清明節這幾天的量，大概要甩上數千張。

我去固定攤商買雞湯塊及蛋，一顆顆揀選，慎選蛋殼上有粗糙顆粒的，才正新鮮；去買現做的拉麵、長麵、細麵條，還有一疊大張餛飩皮，回家自己亂弄一通煮麵湯來吃，或搭配一些絞肉亂包餛飩吃個粗飽。

我漸漸對市場動線了解並常出去巡禮：初一、十五拜拜時我到九點鐘方向七十幾歲阿日伯顧的水果攤採買，阿日伯小時候他們家族與我們家族曾一起到屏東鄉下躲空襲，因著這份父祖輩的因緣，我總是固定在這錨點上向他採買，多年如一日；如果當天打算買小排回來燉苦瓜，我會從北入口進去，過生雞現宰的雞肉攤後左轉第二家，那肉攤架上豬肉各部位陳列齊全，選擇性較多；如果要煮旗魚黑輪或丸子湯，我則直到下一排路口再左轉，那攤號稱「國民魚丸」的花枝丸、香菇丸飽滿大顆，咬勁十足；拜拜買花則去同一攤花店，選兩支百合，讓拜神、祭祖成為百年好合敬意虔誠。

這個在我家門前的市場不大不特別，卻像一顆小小的心臟每天噗通噗通跳，環繞它賴以為生的是外圍的餐飲店、麵店、飲料店，幅員擴大出去，舊小港腹地裡包含小港國中、小港國小、中鋼社區、中船社區，小港街上方圓數里的家庭，都仰賴這顆心臟輸送血液、養分。

民以食為天，菜市場裡每攤菜商熟悉的臉孔，在我腦中都有了記憶，這就是一個小小的迴圈，我在這迴圈裡日復一日轉動著生活。

常吃市場外圍店面騎樓的鍋燒意麵、麵疙瘩，還有麵疙瘩對面的珍珠肉丸與四神湯；買街頭轉角十五元一顆的肉粽，加上三盒五十元的現包餛飩回家煮食，有時一貫道茹素的朋友來訪，我們就在隔壁的蓮

上圖：小港市場的手工水餃攤。
下圖：五十元一盒的水餃。

上圖：小港第一民有零售市場的菜販。
下圖：手工麵攤。

香亭素食吃一頓，不想自己下廚更簡單的就去一點鐘方向那個轉角包鄧園便當回來吃，晚上喝啤酒吃烤肉、臭豆腐、鹹酥雞，這些全都是環繞這個市場衍生出的小小世界，我在裡面活著、吃著，滿足且適意。

吃飽喝足，我慢慢安靜而沉澱，聽從妹婿建議，在自家頂樓種菜，成一農夫；皺葉小白菜、北蔥、花椰菜、絲瓜、苦瓜、南瓜，我種玫瑰、波斯、帝王菊、向日葵、雞冠花，這空中的小小花菜園恰恰與市場兩相對應。

想起對面市場尚未興建，那時我讀高中，市場是一大片空地，我們一整排住家在對面空地上用木料搭起車庫，車庫後頭還有一塊可耕種的小地。那時母親種了玉蘭花、絲瓜、蓮霧與玉米，颱風過後路樹倒了，我們拿鋸子鋸斷樹枝並借來手推車將樹枝載回家，堆放在車庫裡當柴燒熱水洗澡，為了生計母親煮熟黃豆蔭涼發黴，可以加糖醃製做成鳳梨仔罐，烹煮鳳梨苦瓜雞超好吃。

時光荏苒，一晃眼多年過去，市場這棟大樓建築也超過二十年，如今卻與我緊繫單身的人生。

有時不打算買什麼，我也會晃進市場裡出巡，水濕的地上與空氣裡充滿腥臊味，一攤一攤瀏覽，像逛大賣場，只是在市場裡眼睛掃瞄的速度要很快，不然攤商很容易塑膠袋就拿出來要幫你包多少。有些攤商我從來也沒跟他們交觀過，比方說賣醃漬物、女裝、賣牛肉的，還有賣鍋碗瓢盆、竹編椅子籃子、棉被涼被枕頭、襯杉褲子的，我不在市場買這些東西，這些跟我已都無緣。

這才發現，雖然自覺跟它緊密相連，但就像成長，很多事，過去之後，便遠遠被拋在生命的那頭，不可能再重來了，感情這樣、歲月這樣，而人還不是得照舊往前走，不在這裡取得，便在那裡取得。

街角三盒五十元的現包餛飩。

小旅行——記隆興街「不夜城」

徐嘉澤

「不夜城」的攤位雖然攤攤都值得試試，但還是首推「羊肉」。

宛如「不夜城」的隆興街和瑞隆路交叉口。

出發荷比盧之前，鑒於上次義大利的幾近於難民的刻苦旅程，餐餐以冷食三明治配瓶裝水果腹。我對同行者宣言：「我們這次旅行要專吃米其林推薦餐廳。」到了當地光臨的每間米其林推薦餐廳，儘管只有一星，都有著特殊的老擺設和風味料理，以及良好的服務，價格雖在一兩千台幣之間，卻讓人可以徹底放鬆享受一場美食盛宴。那些米其林推薦餐廳多是當地老料理，隨著鎮民一起成長變老，才有如今的風味和用餐氣息。

在台灣，高級餐館也不少，許多人抱著朝聖嘗鮮一探究竟，但畢竟這些都只是生活的曇花，無法日夜品嘗，好比高雄著名餐館茹絲葵或帕莎蒂娜。台灣旅遊主打便宜美食和人情味，在高雄除了觀光客常去的六合夜市、瑞豐夜市之外，當然還有更貼近庶民生活的市場美食。這些食物也同樣陪著我們長大，縱使沒有良好的裝潢、輕聲細語的服務或是美好的餐具，但卻是最能滿足大眾口味才能屹立不搖。

這些食物藏於巷弄，地點分散，真要尋找也得花一番功夫。但我居住的附近就有處地方美食林立，幾乎所有店面都是伴我一路長大，那些老味道裡藏著許多舊時回憶，包括一家五口的吃食時光。

隆興街，和瑞隆路相交，裡頭有著昔稱「不夜城」的夜市場，沒有雜貨沒有生菜蔬果販售，專心做晚餐和消夜的市場，據母親說地下室早期有做市場買賣，但後來不景氣所以歇業，只留下上頭的飲食店。彼時前鎮區有國光和憲德兩戲院，均在附近，所以造就了鄰近五花八門的飲食環境。隨著環境變遷，兩戲院早已拆除，但便宜美食卻駐守於此，隨時讓饕客得以便宜進攻。

這個地段的飲食攤多沒有以阿珠、阿花、老王為名號，僅以食物名稱做為號召，大大的引人注目、一目了然，有「魠魠魚羹」、「蚵仔煎」、「羊肉」、「水餃」，晚間時刻來，總聚集不少人在各攤位，喜歡吃

「羊肉」的炒飯份量十足，簡簡單單就能飽餐一頓。

作家檔案◆徐嘉澤

一九七七年生，高雄人，屏東師院學院特殊教育研究所畢，現任高職教師、耕莘青年寫作會成員，作品曾獲時報文學獎短篇小說首獎、聯合報文學獎散文首獎、國藝會創作出版補助、高雄文學創作補助等，著有短篇小說集《窺》（基本書坊）、《大眼蛙的夏天》（九歌文化）、《不熄燈的房》（寶瓶文化）；散文集《門內的父親》（九歌文化）；長篇小說《類戀人》（基本書坊）、《我愛粗大耶》（基本書坊）、《詐騙家族》（九歌文化）。

什麼只消在各攤位先點，付過款請老闆將食物端來他攤味亦可。一時，所有美食更加聚集在同桌上，一家人或情侶或朋友分食著吃，溫馨、甜蜜、友情伴著一起入飯菜，美味也加倍。

「不夜城」的攤位雖然攤攤都值得試試，但還是首推「羊肉」，湯類一律五十元、飯麵類七十元，熱炒類多是一百元，常常和友人來兩人共點一碗湯、一燴飯、一熱炒再加一碗白飯，簡簡單單就能飽餐一頓，所有份量十足，可以讓顧客可以大口吃大口喝，更覺物超所值，這種幸福感是在那些米其林推薦餐廳中感受不到的。據說國外餐廳要經過米其林推薦需要經過訪視人員幾次的匿名參觀後才予以肯定，那張小小的米其林推薦餐廳的貼紙，可以為餐廳加分也可以替食物的價格再往上哄抬不少。台灣的飲食文化靠得就是口耳相傳，好吃道相報，或是顧客一而再的回流讓店歷久不衰。母親說我們搬到住家後這「不夜城」也剛開幕不久，算算和我同齡，有三十幾年歷史。三十幾年，都讓這些攤販從夫妻倆胼手抵足到三代同堂了吧。

每回吃羊肉攤，四周總有著耐心等候的顧客，老闆、老闆娘之外加入年輕的小當家，在忙碌之餘不忘放送笑容及詢問要不要加湯，雖然沒有舒適的用餐環境，夏日要忍受悶熱或蚊蟲、冬季要忍耐冷風，但美食一旦入肚，頓時覺得值得，就像那些眼巴巴望著鍋鏟飛舞的顧客，明知要等候一陣子，還是先安撫飢餓的肚子，要它別作怪咕嚕咕嚕叫，等會就拿美食撫慰它。

「羊肉」是我後來最常光顧的店面，但與我記憶連接最深的莫過於隔壁的「水餃」，猶記得幼時每回母親偷懶不想下廚問家人意見想吃什麼，嗜吃麵粉類食品的我總一馬當先大喊著：「水餃。」不知是我以小霸王之姿凌駕的家人的意志還是因為「水餃」真的美味到讓父母和挑嘴的大姊二姊都輸誠，一家五口到此共坐，水餃、酸辣湯或蛋花湯一上桌就呼嚕下肚。水餃內餡多汁，才起鍋的水餃多是燙口，

內餡多汁的水餃與簡單味美的蛋花湯。

上圖：隆興街「不夜城」。
下圖：讓顧客可以大口吃大口喝，物超所值的「羊肉」。

上圖：開著發財車晚間才營業的「林家甩餅」。
下圖：這個地段的飲食攤多以食物名稱做為號召，
大大的引人注目、一目了然。

我邊喊燙邊張大嘴呼出熱氣還是不願再多花時間等等。不知曾幾何時，店還在，卻少一家人再外出至此。有時，懷念當時氣氛和味道還是會和朋友來此，邊用餐邊看老闆一家人們忙桿麵皮，揚起的麵粉灰塵就充滿了一家熱鬧的氣息。

最後要介紹的是新興的店面「美珍香餛飩大王」，就位在兩家攤販的正對面，一開始是誤打誤撞進來裡頭用餐，因為看見用餐種類多樣，但吃過一次之後就「著」上了，便宜量多味道也很可口，只見老闆一人忙著煮食，老闆娘則幫忙招呼客人。用餐時間有時難免客人多了些，耐心守候就是等待美食的不二法門。雖說招牌是「餛飩大王」，但我最愛的莫過於燴飯和炒飯，味道特別，用料也不手軟，以價錢、以口味來看待都相當划算。

台灣夜市著名，許多美食集中，我們具備特殊飲食文化，無需米其林餐飲指南。論高雄美食街巷，我有十足把握在短短幾十公尺內的街道上聚集那麼多美食的店家，大概非得來此不可。探索美食就像一場小旅行，要親自吃過才能體會箇中美妙味道。若以隆興街的「不夜城」為中心，不到一百步的距離尚有「和昌羊肉店」、「新港鴨肉羹」、「華喜爌肉飯」等著名店家。而隱藏小吃則為開著發財車晚間才營業的「林家甩餅」。這些關於美食的小旅行，就留待給讀者去發掘及評論，定義自己的美食地圖。

「不夜城」內的冰果店，新鮮水果在冰櫃內招呼來往的客人。

新鮮的番茄切塊，沾上特製的老薑泥醬油膏。

永不忘懷的好滋味

依偎在運河畔的青草街

張筧

青草街。

故事要從三塊厝的二號運河說起。

愛河是高雄市最大的水系，最初河的沿岸分佈著短小的水圳和大小不等的潭、堰、埤塘，一八四〇年曹公舊圳完成後，引進下淡水溪（高屏溪）的水在鳳山、五甲附近挹注進來，形成五塊厝、林德官這兩條水圳，三塊厝也跟著水系日益發展起來，成為「逐日為市」的街庄，海水漲潮時，船隻還可以上溯到大港段的頂端，一九五七年，下游河道開始拉直、河面縮小，一九六二年大規模的截彎取直工程，三塊厝溪變成大家所熟悉的「二號運河」，也失去了航運的效益，但改變不了的是居民長久以來在三塊厝建立起來生活藍圖，在這張藍圖上三鳳中街、三民市場、三鳳宮、天公廟、青草街，並沒有在時空中消散，反而蘊釀出一股陳年的香味，和時尚相互牽引。

就好像年輕人熱衷的運動飲料、可口可樂一樣，「青草仔茶」在年老一輩的心目中，依然有著不可取代的地位。緊挨著運河旁三太子廟的青草街上，一排相連的草藥舖子上，每一家都有自己的茶攤，飲料塑化劑風爆以來，這些名目的衆多的青草茶，讓人覺得元氣又來了。很少人會懷疑這些傳統的茶飲裡，會有什麼化學添加物。

籃子裡一大盆葉片肥厚的蘆薈是夏季內服、外用的盛品。

琳瑯滿目的招牌上書寫著各種草藥的名子：山葡萄、金線蓮、牛樟菇、山羊癀，石蓮花，而攤位上還擺著著手香、蒲公英、薄荷、含羞草、車前草、半支蓮、夏枯草，全帶著一股來自野地的樸素和詩意，讓人在佇足時，彷彿置身荒野。除了行家，沒有多少人能夠在攤位前誇口指認出少則二百，多則五百種草藥的身世，但總有幾款卻總是大家耳熟能詳的藥草，或者它們就種在家中陽台的盆栽裡。

一樣的青草茶，卻有百百款的風味，有人獨鍾一味，成為忠實的主顧，有人總是讓味覺是去探險，品嚐每一款茶內仔細收藏的祕方。據說台灣本土可以供做青草茶原

作家檔案◆張筧

高雄市人，本名張簡禕真，曾任台灣時報、自立晚報記者。喜愛文學創作、簡單生活，現為自由撰稿、出版企劃，從事瑜伽教學。長年與文字為伍，看詩像初戀情人，寫作如同友伴。近年來在瑜伽中找到內在力量，看不同的人生風景。

料的藥用植物，大約有兩百種以上，其中經常被使用的有將近一百種之多，又有一說，其實只要有五種草本植物混合煎煮，就可稱為百草茶，你可以在公開資訊中，找到一般性的草茶配方，但對每一個店家而言，都保存了家傳的方子和調配的比例，解渴、解熱、消暑、解鬱則是他們的基本功效。

但如果說「青草茶」是青草巷長久存在的理由，其實並不盡然。在整個青草巷裡其實瀰漫著另一種隱晦的氛圍，這些來自傳統的草藥方子代表著古老醫療系統仍潛伏在人們的觀念意識裡，低調地回應著許多人對於養生、治療的殷切期盼。幾家草藥店裡原本高掛的招牌裡還寫著「養肝茶」、「降血糖」的名稱，不多時又以膠帶封貼起來，迴避法令的限制。源山青草行的老闆低調地的說：療效是完全不能談的事情，這是長久來草藥業面臨的問題，但另一個事實是「呷好逗相報」的模式，讓青草店在現代醫療的綿密網絡中，依然有著一席之地。

近兩年來試圖將傳統草店轉型為生技公司，量產養生保健茶包、食品、飲品的郭源山不諱言的表示，青草行業面臨著環境的變遷，早期訴求的療效一再被醫學系統質疑，而「媒體炒作」也左右著青草巷的熱賣品項，以牛樟芝為例，過去一斤五、六千元的價位，因為人為的操作，一度出現部分等級的產品每斤十多萬的行情，而一般等級也可以熱賣，牛樟芝如此，香蘭葉、紅景天等其他草也是如此，消費者只要嗅到一點養生的流行觀點，就會聞風而至，看似寂寞的青草巷裡總是輪番上演著熱銷款的輪替。

攤架上舖陳生鮮青草，少則百來項，多則三百項，有的曬乾後成捆的堆放在貨架上、冷凍儲藏室裡，上只有簡單的標示，偶爾店家把青草放在二號運河旁讓陽光曝曬、有的綜合了多複方草，切碎、輾碎，便於熬煮。至於那種藥草對治那種症狀，如何搭配，每家業者心中都有一本來自兩、三代口耳相傳來的配方族譜，外人根本無法窺其堂奧，至於「療效」這種事，

上圖：成捆的堆放在貨架上的生鮮青草。
下圖：攤架上舖陳生鮮青草，少則百來項，多則三百項。（張筧攝）

琳瑯滿目的招牌上書寫著各種草藥的名字，全帶著一股來自野地的樸素和詩意，讓人在佇足時，彷彿置身荒野。

還是不可說，又有一種近乎自由心證的默契。

「療效」、還是「保養」，在青草巷彷彿可以無限的演繹，那來自兩、三代以前經驗的傳承，以及西方醫療發達之前，草藥配方就一直守護著人們的健康。興農草庄的老闆郭德成和太太的草藥舖子，也有幾百種藥草，他端出一杯含有紫蘇配方的青草茶待客，微酸的口味果然獨特，他說「紫蘇順氣」，可是百味中的一味。從小跟著爺爺、跟著爸爸、種藥草、採藥草、賣藥草的兩兄弟到現在都在繼任著家業。幾十年來在草藥堆裡成長，對於草藥本身的溫和性、安全性都有著無比的信心，他說人利用草藥調理身體有幾百年的歷史，雖說全省會利用的本土藥草有四、五百種，但真正普遍利用的藥草翻來覆去也就百來種，在長久時間的使用裡，幾乎沒什麼副作用，他說不能用的早就被排除在外了，留下來的藥草則是大家再熟悉不過的產物，人們對他的信賴不應該比所謂的藥物，或一直被炒作、開發出來的健康食品更少。

「我們對這快消失的行業是有一份情懷，一種積善行德的用心，不全然是生意層面的」，「這個行業正在快速的變遷，變到後來只是做生意、賣得更好、賣得更多，問題是我們的大地恐怕沒辦法因應這麼龐大的需索。草藥有季節性、受到土地環境的限制，他的能量來自純淨而無污染的土地、甚至是偏遠的山區，除了大量栽培，否則它總是珍貴而稀有。」郭德成點出草藥價值的關鍵，正是無污染的土地。

因此在青草街裡的每一個店家，對於收購青草藥這件事情都懷抱著無比的慎重，通常收購的來源都是長期搭擋的伙伴，不太會接受陌生的草藥供應者，草藥店會關注每一款藥草的來源、產地或栽種農場的施肥情形，對於「有機」這件事，草藥店有種職業性的要求。雖他們並不太把有機兩個字掛在嘴巴上，有機甚至尚未成為他們的生意經。

「我們吃的蔬菜總是氮、磷、鉀的產物，草藥在天然的環境裡，蘊藏著大地無數種的微量元素，我們知之甚少，卻是活化身體機能的活力配方，我們從不敢說有效、沒效，但是客人總是帶著親朋好友的推薦、懷抱著希望上門，所以我們就存在下來。」可以肯定的是，在他們眼中，帶著污染和化學肥料的草藥是一文不值的。

嚴格說來，青草街並不是三塊厝的老行業，但民眾用青草的習慣卻是由來已久，青草鋪子原本應是散佈在村落、市集，與人們的生活作息一起呼吸，因緣際會中，三鳳宮在二號運擴建，寬廣的廟庭集結了趕早的青草藥頭採集者，天還濛濛亮，就已經聚集在廟庭擺攤販賣，口耳相傳，三鳳宮前的青草藥早市生意很好，大約八、九點，青草早市就散了。隨著三鳳宮進香客越來越多，青草業者離開廟庭，業者只好廟前河北路邊擺攤，持續了好幾年。後來河北路規劃為單行道，路邊開闢為停車場。因為三鳳宮青草攤已經名號響亮，業者為著「青草街」的名號只好承租河北路的店面開張，逐漸形成今日的市集。十幾家業者一字排開，面對整治後二號運河的綺麗的風光，讓我們依然可以在城市裡追到香草的芳蹤。

藍子裡一大盆葉片肥厚的蘆薈是夏季內服、外用的盛品。

菜市仔的故事

對故鄉的菜市到岡山的羊肉店

方耀乾

平安市場。（方耀乾攝）

每一個市場攏有伊的故事。菜市仔提供有關「食」佮「人」的故事，以及「食」佮「彼的所在」的故事。

對菜市仔的演變會當看出台灣經濟佮生活型態的轉變。台灣早期干焦有早市，了後到一九八〇年代，經濟開始起飛，職業婦女的比例也開始增加，生活起居的時間參以早有真大的無仝，日時上班的婦女，無法度踮傳統的早市買菜，生理人鼻著這種需求，將早市賣無了的魚肉菜提來黃昏時仔賣，才慢慢形成黃昏市仔。綴著經濟起飛的腳步，台灣進入富裕的社會階段，電冰箱也大量進入家庭，閣因為職業婦女無法度逐工去買菜，需要一遍採購二、三工的額。所以，一九七〇年代台北引進超級市場（supermarket），一九八〇年代才發展到台灣其他都市去。今也，毋管是都市抑是庄腳，台灣已經四界攏有超級市場。一九八九年萬客隆（Makro）佮家樂福（Carrefour）引進台灣，台灣正式進入量販店（hypermarket）的時代，台灣買菜文化正式佮歐美的買菜文化合流。傳統的早市雖然猶真交易，毋過佇歲月的掏洗佮社會變遷之下也漸漸失去原味，所以台灣在地式的菜市仔文化遂誠做我的鄉愁。

以早，家庭主婦一早起就愛去菜市仔買菜。早期，台灣的市仔並無像今也，有早市、黃昏市、閣有24小時的超市、大賣場。彼陣，嘛真罕得有人駛車，抑是騎oo-too-bai去菜市仔買菜。家庭主婦愛手捾菜籃仔，自行的去菜市仔。去的時，菜籃仔空空，真輕；轉來的時，菜籃仔滇滇，加真重。毋過，家庭主婦攏拄拄好買一家伙一工所需要的食食。籃仔的物件主要是菜，魚肉真少看見，除非是過年過節。這也表示早年台灣的生活有較困苦，人也較勤儉。

坦白講，我佮傳統菜市仔的經驗無蓋豐富。上早期，我佮菜市仔的經驗是佮我的阿母有關。彼是六〇年代，我囡仔時代的代誌，彼時阮猶蹛佇台南縣安定鄉海寮，海寮的菜市仔是一個誠傳統、誠簡單的「庄頭市」。我真愛佮阿母去菜市仔買菜，主要的原因毋是我欲共阿母鬥相共，逐家用腳頭窩淺想嘛知，囡仔人是愛食愛綴路。早期的庄頭菜市仔雖然簡單，總是加減嘛會當滿足庄內有關食的需求。菜市仔除了

作家檔案・方耀乾
成功大學台灣文學博士，現任台中教育大學台灣語文學系副教授，《台文戰線》社長兼總編輯。著有《台窩灣擺擺》、《烏／白》、《將台南種佇詩裡》等八部詩集及數部學術論著。

平安市場入口。

有菜架仔、肉砧、魚擔、水果擔以外，加減會有點心擔仔，啊點心擔才是我的目標。我上愛食豆花佮九重粿，我若聽話，阿母就會滿足我的需求。菜市仔邊有幾間店仔，有賣薰、酒、豆油、醬菜、鹽、糖的，也有賣家庭生活用品的，也有麵店仔，也有餅店，也有冰店。對囡仔的我來講，冰店上吸引我，有賣四果冰（礤冰摻四種鹹酸甜），彼是當時上高級的享受，久久才會當享受一擺；另外一種食物只有南部才有的，就是柑仔蜜切盤，將大粒柑仔蜜切做一舟一舟，搵糖霜薑末豆油膏食。彼種滋味你無法度形容，鹹甜鹹甜閣有薑的芳氣濫著柑仔蜜的氣味，我想會當發明這種食法的人一定是天才，這才是柑仔蜜最高段的食法。

庄頭的店仔佮今也的便利商店仝款有真多元的的功能，毋過較有人情味。店仔有賣薰、酒、豆油、醬菜、鹽、糖、油、郵票、四秀仔佮抽糖仔等等。阮阿母有當時菜煮一半，才發現無油、抑是無豆油、無鹽、無糖、無味素，定定會臨時差我去店仔糴油、抑是買豆油、鹽、糖、味素。臨時臨要若有無拄好，無錢通買油鹽，頭家會予人客賒。店仔的櫃檯後面有一塊烏板，頂面有寫名佮數字，就是寫啥物人欠偌濟錢的意思。庄裡的批箱掛踮店頭仔，所以若欲買郵票、抑是寄批，就愛走去店仔遐寄批。

我會記得彼間店仔是海寮庄上早買電視的，暗頭仔食飯飽，囡仔兄、囡仔姊嘻嘻嘩嘩規群椅頭仔舉咧，就去店頭仔等電視開播。彼陣上轟動的影集是《勇士們》。看煞也真暗囉，規群囡仔兄、囡仔姊依依難捨椅頭仔舉咧隨人轉去眉睏。日時，上轟動的是布袋戲是《雲州大儒俠》。彼陣，學生痟甲無想欲讀冊，大人痟甲無想欲做工課。

這是囡仔時代去菜市仔的記持。到我去台南讀高中，了後閣去台北讀大學，故鄉的菜市仔就毋捌閣參我的生活有啥物牽連，夢中也無菜市仔的形影。

八〇年代我佇台北結婚，台北石牌仔鐵枝路邊的黃昏市仔誠做我不時愛朝聖的所在。初初組織家庭，總是愛勤儉過日，算盤需要擲（tiak）過來擲過去，啊黃昏市仔的菜雖然較無鮮，毋過比早市較俗，對阮來講是買菜上適當的所在。阮定定等黃昏市仔欲收擔的時才去買菜，按呢會當買著閣較俗的價數。彼段困苦相依的日子，到今猶原刻骨銘心。我有一首詩就是咧描寫這種情形：

敢講千焦咖啡杯才會當扒出愛的船
敢講千焦戲園內才會當擦出愛的火
敢會記得　十箍兩把的蕹菜
嘛寄付咱的愛

一九八八年我轉來台南定居了後，除了去超市佮量販店買物件，就真少去傳統的早市抑是黃昏市，除非市仔內有真出名的好食物，抑是擔仔。岡山的市仔會吸引我去，就是因為有聞名全台的羊肉。

二〇一一年七月我e-mail請教吳正任兄，佗一間羊肉店是真正的老店，因為我欲寫一篇文章，需要親身去行一逝。正任兄真熱誠，敲電話邀請我去岡山tshit-tho，欲請我食羊肉。其

上圖：豬肝卷的七十年老擔咧證明菜市的歲月滄桑。
下圖：平安市場裡年代悠久的木造攤子。

實，岡山的羊肉店我去食過幾若擺，只是聽人講我去食的彼間是觀光客咧食的，在地人食別間。所以我感覺有必要去了解一下。

阮約佇岡山火車站見面，大約十點外我到位，正任兄已經到位佇遐等我。阮將車停踮已經拆起來的舊火車站的空地，伊帶我去舊菜市，沿路伊一面紹介岡山的市容變化，佮當地標誌性的舊建築物。到舊菜市伊講欲紹介一個「岡山通」予我熟似。這位岡山通名叫做劉國明，厝拄好徛佇舊菜市對面，人真正熱心，對當地的文史捌了也真徹。

劉國明先生帶我軁入這個日治時期的阿公店市場（今平安市場，習慣稱呼做舊菜市仔），市仔無大，有淡薄仔稀微，賣的物件已經佮其他的大多數的現代傳統市場無啥差別，只賰一擔叫做堂伯，由吳滿堂佮小妹創立的擔仔，專賣粉腸、米粉羹佮豬肝卷的七十年老擔咧證明菜市的歲月滄桑。兩位顧擔的阿桑好意相請我一盒豬肝卷，料實在，滋味芳，值得交關。劉國明先生特別指予我看兩擔早期羊肉擔的「血跡地」，今也已經人去擔空，徙去別位開店面囉。這兩擔早期干焦賣羊肉白肉片、佮米粉湯，用大鍋煮為主，無像今也種類跡濟。

岡山大新羊肉店。（方耀乾攝）

由舊菜市仔羊肉擔發展出去的羊肉店主要是「新」字號佮舊市羊肉店。

岡山羊肉由日治時期的余壯羊肉公（又名余水勝）開創的。余壯佮林錦、林水來三人公家佇西元一九二六年佇舊市場創辦一擔無字號的羊肉擔，戰後號名大新。後來閣到第二、三代，發展出類似「家族經營」的模式，因此現在如大新羊肉、一新羊肉、順新羊肉、尚新羊肉等等，攏是余家班湠出來的。舊市羊肉原起初也是佇舊市場排擔仔。

「舊市羊肉」由蔡天慶創立的，原本也是佇舊市場擺攤仔起家的，今也搬來河華路，原本賣的白片羊肉猶閣有咧賣。後來閣湠出，形成以夥計、姻親為主的許家班、「源」字號的羊肉店。德昌羊肉是由許德文的老父「羊肉桑」所創，後來傳予伊，佮第二代出師的夥計吳忠源佮陳啓賢。吳忠源閣開枝散葉，分出源坐佮源山羊肉店，陳啓賢分出成泰羊肉。

除了以上兩大系統，戰後家己創業，抑是由羊肉商佮其他飲食業轉型的，有中正堂附近的明德羊肉、崑成羊肉、忠仁羊肉、以及陶芳羊肉等，佇岡山路由肉粽大王轉型的有三奇羊肉店。另外，以新型態的涮羊肉、羊肉爐做招牌

上圖：岡山平安市場市仔無大，有淡薄仔稀微。
下圖：平安市場裡的豬肉攤。

的有阿鴻羊肉、岡山羊肉、長城羊肉火鍋店等等。

今也的岡山羊肉料理非常的多元，種類真濟：有當歸羊肉湯、羊肉清湯、當歸大骨湯、羊肉炒麵、羊肉炒米粉、羊肉燴飯、羊肉爐、涮羊肉、熱炒沙茶羊肉、蔥爆羊肉、苦瓜羊肉等等，搵料主要是岡山出產的豆瓣醬。豆瓣醬將岡山羊肉的滋味發揮畫龍點睛的作用。羊肉主要是來自內門、田寮的烏山羊，不過也有一部分的店面改用進口的冷凍羊肉。

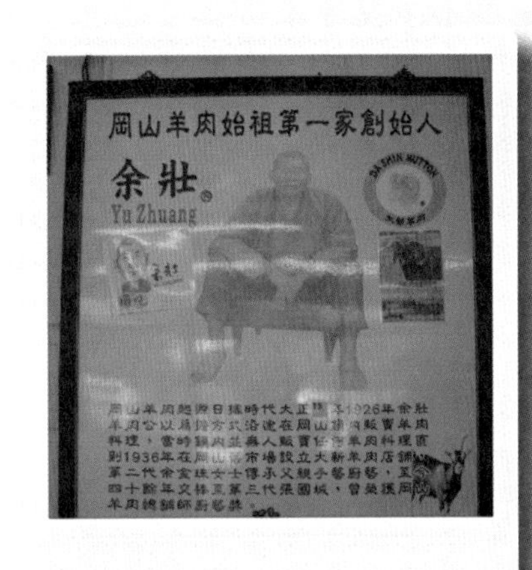

岡山羊肉始祖余壯。（方耀乾攝）

岡山羊肉的傳奇由原起初的兩擔羊肉擔，發展到今仔日的數十間羊肉店，而且成做岡山上大特色的觀光資源佮經濟產業，這絕對是原初時想袂到的代誌。啊講到遮，一定有讀者好玄想欲知影到底佗一間羊肉店的羊肉料理較好吃？我的答案是：以我所食過的這幾間來比並，攏有一定的水準。差別應該是佇個人合意的口味無仝而已。

李時珍《本草綱目》有記載：「羊肉能暖中補虛，補中益氣，開胃健身，益腎氣，養膽明目，治虛勞寒冷，五勞七傷」。羊肉比豬肉的肉質較幼，脂肪佮膽固醇也比豬肉佮牛肉的含量較少，確實是優良的肉類。佇屬熱帶氣候的南台灣，羊仔佇田寮地區的惡地形飼養，加上岡山特出的豆瓣醬，是溫補聖品的羊肉，佇天時、地利、人和的好時機促成岡山羊肉的興起，這也是必然的。

你若駛車按岡山經過，無妨落車享受一頓岡山羊肉大餐，有氣力才閣上車，保證會有一個快樂的旅程。

歷史・海寮菜市
石牌黃昏市場

海寮菜市是屬傳統的庄頭市場，位於台南市安定區海寮村，是筆者家鄉的市場。台北石牌黃昏市場位於台北前往北投的鐵路旁，因改建為捷運，現已經拆除。

歷史・岡山羊肉

岡山舊市場建於日治時期（西元一九一〇年），原稱阿公店市場，現名平安市場，攤位已不多，老攤位僅剩一攤叫做堂伯的豬肝卷攤見證它的歲月，其他攤位與其他市場已無大差別。岡山羊肉起源於日治時期阿公店市場內的兩攤羊肉攤，分別由余水勝與蔡天慶設立。現在兩攤羊肉皆已搬離平安市場，發展出上新與舊市等名聞全台的羊肉店。

野宴採買地圖

凌煙

充滿濃濃人情味的三民市場。

年初時在我居住的「市外桃源農場」辦了一次野宴，宴請我那些文壇大哥們，他們都是自我還是文藝少女時結識，到我小有成就，一路把我當做小妹照顧的人，在我和先生胼手胝足於鳳鼻頭山下建立家園後，這還是首次正式邀請他們來農場作客，因為用餐的場所設在芒果樹下的涼棚，稱為野宴再貼切不過，伴著啁啾鳥叫暢飲歡談，人間美事一樁。

坤崙兄酒足飯飽後和我商量，說他國外的朋友回台灣時，可否委託我操辦野宴招待，我立刻回絕他說：「老大，你知道準備這一桌菜，我得花多少時間嗎？別為難我了。」然後，我開始像那首劉福助唱的台語老歌——「安童哥買菜」一樣，詳細介紹起每一道佳餚的採買過程。

平日裡我就珍藏許多上等食材，例如自家農場種植的西印度櫻桃，它的維他命C可是檸檬的十幾倍，加蜂蜜與水打成果汁，會自然散發宛如綜合多種水果的迷人風味。還有栽種數年以酒泡製的何首烏，拿來燉雞湯汁會有金黃色澤，香噴噴的油脂浮在上面，為了不辜負那難得的何首烏，我絕不在一般市場買那種只放到山林裡隨便跑一跑的放山雞，而特地從小港開車進市區，去鹽埕市場內的「阿珠珠土雞廣場」買真正養足六個月以上的土雞。這裡賣的雞你可以現挑現宰，看是要肉質有嚼勁的土雞，或是要軟嫩的閹雞（但會太油），也可以挑放山雞（俗稱仿仔雞，口感介於前兩者之間），因為實在不忍親眼目睹雞臨死前的拍翅掙扎，我都會先打電話預訂後再去取。

鹽埕市場可說見證過鹽埕區的繁華，市場口的阿婆冰已成為老街的觀光景點之一，旁邊有專賣烏魚子的商家，黃澄澄的色澤一見即知是道地的台灣產，非那種黑、乾、瘦的大陸貨可比。即使不宴客，偶而我也會去「阿珠珠土雞廣場」切一隻煮熟的白斬雞，店家煮雞的技術堪稱一流，火候恰到好處又略帶點鹹味，不沾任何佐料特別能吃出雞肉的香甜，順便買塊熟雞血和下水（雞肫、雞心和雞肝，也有雞未生出的卵黃），全家便能享受豐沛的一餐。

作家檔案◆凌煙

小說家，本名莊淑貞。一九六五年出生於嘉義東石，曾獲一九九〇年自立晚報百萬元長篇小說獎及第十二屆高雄市文藝獎，二〇〇七年《竹雞與阿秋》獲打狗文學獎長篇小說首獎。著有小說《泡沫情人》、《蓮花化身》、《養蘭女》、《柴頭新娘》、《失聲畫眉》、《扮裝畫眉》及散文《幸福田園》。

去鹽埕市場買完土雞，我又繞道中華路的三民市場買台灣土產黃牛肉，先生平時最愛吃那種帶著筋剔下來的碎肉，只簡單用酒水加大量薑片燉煮一大鍋，沾豆瓣醬他可以直接吃到飽。為了野宴我購買兩大盒約一千多塊錢的霜降肉片要現烤，還特地商請讀大學的兒子回來掌爐，牛肉不能烤得太熟，只要撒點海鹽與現磨的黑胡椒粒就很美味。

三民市場有我少女時期的美好回憶，在人生最無憂無慮的階段，常和同學、弟弟們騎機車去那裡吃烤黑輪，尤其是在冬夜出遊時，喝著一碗又一碗黑輪湯，配上烤的焦香微辣的黑輪片或米血糕，便有「人生得意須盡歡」的暢快，如今回想起來，能有那種單純的快樂已經不多。市場裡其實有許多值得採買的食物，例如專做魚丸、黑輪的老店，總是生意興隆的水餃攤，還有排骨酥等，十多年前我們一度以種植石蓮花維生，先生每天早晨都會開著小貨車去三民市場口賣石蓮花汁，一起在那裡做生意認識的朋友都還在，像賣現切水果的阿嬌，賣各式壽司的阿芬，每次都還是充滿濃濃的人情味。

野宴當天清晨五點即起，先去前鎮漁港購買海鮮，根據我所擬定的菜單，古早味芋仔糜得放鮮蚵和文蛤，透抽和白蝦只要燙熟沾薑醋汁就很對味，而新鮮干貝加些蒜片和蔥薑中火半煎煮，鮮甜的滋味無可取代。我很喜歡漁港透早那種打拼的活力，一艘艘漁船停泊在港內，就著海風的腥鹹，買貨的與賣貨的，對著一簍簍各色漁獲用力喊價，即使只是旁觀也很有滿足感。

買完海鮮再去五甲路上的鳳農果菜批發市場採購蔬果，我選了一箱春天正盛產的特大顆草莓沾無熱量的赤藻糖，可以很過癮的將整顆草莓裹滿糖粉，還買了黃色小蕃茄與黑色無子葡萄，看見一點紅的黑葉綠蕃茄忍不住又買一袋，這種蕃茄的吃法除了咬開一小洞，塞入兩三顆話梅外，切塊沾調配有糖粉、梅粉、薑末的三環醬油膏，風味堪稱一絕。

基於健康概念與為了節省烹調時間，我用

上圖：鹽埕市場內的「阿珠珠土雞廣場」的陳老闆。
下圖：鹽埕市場的豬肉攤。

上圖：充滿濃濃人情味的三民市場。
下圖：三民市場的台灣土產黃牛肉攤。

三民市場的台灣土產黃牛肉攤。

涼拌方式做了一道柴魚柚醬洋蔥，哇沙米山蘇沙拉和花生粉過貓沙拉，配樸拙的餐盤擺飾後，別有野宴的視覺美學。

舉辦一次野宴，光是食材的採買就得花兩天的時間，跑了四個市場，橫跨大半個高雄市，如此高規格的款待，又是得過百萬小說獎作家親自掌廚，沒有十年以上交情怎堪享用？

和乾淨明亮又有冷氣可吹的生鮮超市相比，我還是喜歡傳統市場那些親切又有人情味的攤販，即使只是做著小小營生，他們仍熱情招呼著過往的主婦，也有一些自產自銷的農人，擺在地上的農作物還帶著新鮮的泥土，例如現挖的竹筍和綠蘆筍，甜度就是和超市的不一樣，還有那八十多歲仍推著一只菜籃，出來市場坐在走道中間賣蒜頭和麻油的阿婆，對她殷勤的召喚怎能不加減捧場？

我是個在傳統市場「混」大的人，以前父母在離仔內的憲德市場（瑞隆路上）賣水果、甘蔗，讀雄工夜校時白天去幫忙顧攤，我會利用沒客人光顧的空檔，拿塊板子寫起小說，也培養出觀察人生百態的敏銳眼光，賣鹽水意麵的、賣肉粽菜粽的、賣豬心冬粉貢丸湯的，還有許多賣菜、賣水果、賣魚肉的，包括倒人家會仔的和被人家倒會仔的，家家都有本難念的經。但市場裡勤奮、樸實的光景永不改變，成為菜市場的傳統精神。

為了應付一日三餐，平時我也常出入鳳農果菜市場和前鎮漁市，一次購足數天菜色，鮮花、蔬果、魚蝦一應俱足，偶爾也會特地進市區去三民市場買牛肉，去鹽埕市場的「阿珠珠土雞廣場」買白斬雞，順便懷舊的吃碗阿婆冰，或來串烤黑輪，向阿芬買兩盒壽司充做午餐，與阿嬌「交關」一下她醃的桃子或菱角、花生什麼的零嘴，在平淡的生活中，會因為這些小點綴，多了些許幸福的滋味。

憲德市場。

阿嬤的菜市場地圖

陳正傑

鹽埕大菜市場。（陳正傑攝）

年少時，每逢假日總是希望能多睡片刻，結果起床後都快接近正午。往客廳走去，只見桌面上擺著滿滿的蔬菜、鮮魚、雞鴨排骨等各類食材。阿嬤正在廚房裡頭忙著張羅，雲煙般的熱氣，不斷地在鍋盤間消散。媽媽也正跟著指示，低頭處理材料。

原來阿嬤早就照著她的作息，菜市場繞了一圈回來。阿嬤一向是家裡頭的總舖師，大小料理都難不倒她，打從有記憶以來，菜市場是阿嬤採買的唯一選擇。對於如今習慣在超級市場選購食物的我，總好奇著年少貪睡時，阿嬤走過的菜市場路線。

鹽埕大菜市場

一早我就騎車到了七賢三路跟大仁路交叉口，往建國路的方向望去，一眼就能發現市場的蹤跡。那裡有一大片布帆搭起的特殊景象，裡頭透著微微光亮，人潮不間斷的走進走出。而大片帆布後頭，還有些許綠意盎然的柴山景緻做為陪襯。

這裡是鹽埕區最大的早市，也稱為大菜市場。阿嬤年輕時，從澎湖移居高雄，當時鹽埕是最熱鬧的地方，市場也因人口聚集而繁榮。儘管後來搬家，已經離大菜市頗遠，但阿嬤三不五時還是會專程回到熟悉的地方採買。

我揣測著阿嬤的行走路線，緩步走入市場，生澀的觀察著市場裡的動態。繞了幾回之後發現，市場的組成，有著一些易懂的邏輯。滿面紅光的肉攤們，聚集在市場中心處；中央走道則有鱗光閃閃的魚鮮類，一字排開的列著；葉菜的攤子、乾貨與熟食，也不約而同，各自挨在一起。外圍一點，才有些賣衣飾，或者自家釀製的醬油罐菜或者魚丸水餃等，點綴在四週。我心想，菜市場也如同現代超市一般，相同屬性的商品，總在同個貨架或者某個區塊出現。

然而和超市只有低頻的機械聲與不間斷惱人的重複廣播比起來，市場裡頭卻是充滿了著人的溫度。每一個攤位，都是間性格鮮明的小店。有的主人豪邁熱情，攤位上的鮮魚瀟灑的堆放眼前，不用你多說，他

作家檔案◆陳正傑

一九八三年生，政治大學畢業。在地高雄囝仔。喜愛旅行，目前與愛犬KiKi在高雄共同經營一間背包客小公寓（Ki厝）。平時喜愛紀錄生活點滴，以及留意城市各處的小變動。即將與友人共同推出在地觀點的高雄旅遊書，期盼讓更多人認識這座城市的獨有魅力。

馬上就能選出新鮮貨，大刀落下三兩秒就處理給你；有的主人則顯的沉穩細心，就算有眾多繁雜的蔬菜也都能有條不紊的陳列，順帶貼心的提醒著，怎麼搭配食材會更加對味。

我思索著菜市場的魅力，似乎就來自於這些攤家們自然流露出的活力與精神。阿嬤在菜市場裡，應該就是在這一買一賣間，與不少攤家建立起彼此的關係與默契。無怪乎大菜市裡頭幾攤熟悉的攤位，阿嬤偶爾總要回去看看。

三民市場

說到老字號的三民市場，就讓我馬上想到許多三民街上有名的傳統小吃，不論是意麵、黑輪還是花生湯加上燒麻糬，都令人垂涎三尺。每逢夜晚，進到窄小的三民街裡，總有不少人潮在大啖美食。沒想到早上跟著阿嬤走入市場，才發現，白天的婆婆媽媽採買團，人潮也毫不遜色。在街道的中間，有一條由機車連綿而成的壯觀車龍，分隔著兩旁滿滿的逛街人群。

我一面詫異著白日與夜晚的差異，一面跟隨阿嬤堅定的步伐前進。轉頭看著白天的意麵攤，外頭變成是賣早餐的攤位；愛吃的燒麻糬，店頭則分隔了一半給賣衣服的店家；那些我熟悉的小吃店面，全都變成我毫不認得的攤販，整個街頭簡直是大變身一般，與我夜晚覓食的印象，大相逕庭。在這市場裡頭，從白晝到黑夜都是人氣鼎沸，卻輪轉著氣氛迴異的不同樣貌，令人十分驚奇。

阿嬤在街的中間，突然轉往小巷，正當疑惑之際，菜市場的景象馬上浮現眼前。要不是看見三民第一公有市場的招牌，否則我根本無從得知，小巷內的市集，才是主婦們採購的主戰場。阿嬤隨即熟練的用眼神掃描著各個攤位，我卻張望四周，感覺有一些不尋常之處。怎麼三民市場如此明亮，走道整潔且寬敞；所有的攤販，都分門別類的集中在同一區塊。行走同時，還見上頭有灑水以及風扇設備消解暑氣。與傳統集聚而成的市場比起來，簡直是豪華版的場地與規格，就潛藏在小巷裡頭。

肉燥飯搭配鮮美的虱目魚漿湯，就是一頓豐盛的早餐。

上圖：布帆內的菜市場景象。（陳正傑攝）
下圖：市場群像。（陳正傑攝）

上圖：市場群像。（陳正傑攝）
下圖：每當採買完，都會在這坐著，吃碗愛玉冰休息一會兒。
　　　新鮮的愛玉加上軟Q的粉粿是我的最愛。（陳正傑攝）

古早味的海綿蛋糕，剛出爐時是最佳的賞味時刻，又香又好吃。（陳正傑攝）

雖然整體環境舒適且整潔，但菜市場裡頭的吵雜話語，還是很有氣氛的在耳邊環繞。就在阿嬤與攤家間你來我往的快速交集中，今晚餐桌上的誘人菜色就這麼建構出來。還在一旁傻愣愣看著的我，才察覺，買菜，不只是用眼睛篩選，許多時候都還是用耳朵跟嘴巴挑出來的。在如此開放的環境，空氣中漫延著各式話語，資訊也隨之在耳邊流通。若不同時具備了傾聽與溝通這兩項功夫，那些當令的、新鮮的、好吃的獨門秘笈，似乎難以入手。透過阿嬤與攤家間的短兵相接，讓我見識到，原來還藏著許多學問和樂趣呢。

在阿嬤與那些識人無數的攤販面前，我只感覺我的菜市場學分毫不及格。所幸，令我感到高興和熟悉的，是每每買完菜後，總會去吃碗清甜爽口的愛玉冰，再帶點剛出爐的古早味海綿蛋糕回家。

澎湖仔菜市場

澎湖社就位於繁華的漢神百貨旁，光明街早上固定會有幾攤商家擺著，但整條街卻顯熙熙落落，與高雄其他市場比起來，更顯落寞。但對於當初離鄉背井前來高雄的阿嬤阿公來說，前金的澎湖社聚集了許多同鄉，也有許多當時居住在此點滴回憶。

如今市場裡頭，除了瞥見有一攤還賣著澎湖小管、干貝XO醬和代購黑糖糕的線索，否則時光流轉，不知情的人，很難在此找尋到關於澎湖的蛛絲馬跡。市場也僅供應著幾攤雞鴨魚肉、蔬菜和一兩間燈光不甚明亮的雜貨店。阿嬤來到這裡，似乎並非為了採買，反倒是進了中藥行與人閒話家常；亦或步入狹小巷內，看看景色變化。

如此說來，在城市裡頭的菜市場們，也都有各自的興衰流轉。有的市場隨人口遷出而逐漸落寞，有的則因人口聚集而越加興旺；隨著現代生活型態的轉變，許多菜市場也從早市更改成黃昏市場；但也有一些老字號的市場，依然維持著過往的榮光。菜市場對每個人而言都有不同的生活記憶，而我的菜市場地圖，就如同阿嬤親手燒的菜餚一樣，充滿了人的溫暖。

澎湖社，背後就是高聳的漢神百貨。裡頭是窄小的巷道，許多當時離家至高雄打拼的澎湖人，聚集在此。（陳正傑攝）

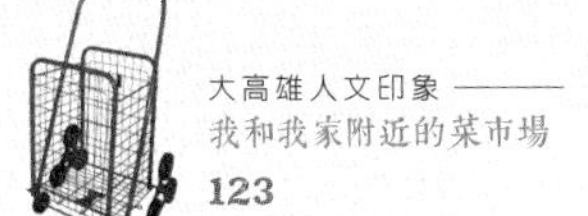

魚市，興達港開始放暑假了

黃含

美味可口的烏魚子。（黃含攝）

對許多人來說，興達港或許只是一個買東西吃東西的好玩地方。對於我而言，卻有著一家人相互取暖的感動滋味……。

八月六日興達港的暑期輔導。

民國一〇〇年的八月六日，是一個值得記憶的日子——因為它是中華民國第一百個的七夕情人節。

這一天，是星期六下午，我又特地來到這裡——興達港。沒有錯，就是這一天，恰巧是農曆的七月七日，就是所謂的七夕情人節，距離八八父親節也不過兩天。興達港的下午，有一種濃烈熱情的海洋滋味。我想，屬於七七情人節的魚市，應該別有一番風味。

ㄛ——我要說明清楚，我喜歡的興達港，不是浪漫唯美的情人碼頭。而是已經存在至少三十餘年以上的興達港魚市。那是一個沒有經過包裝修飾，一個像菜市場一般的，販賣著吃喝玩樂的小市集。我喜歡這裡的市井小民貼切生活的味道，就是有一種回到童年兒時的家鄉風味。

這裡，流露出台灣茄萣崎漏村的獨特情感，也是世界上獨一無二的魚市哩。雖然，這裡是一年四季不是很鮮明的熱情南台灣。不過，我知道興達港的容貌，依然有著一年四季略有不同的相貌。所以，魚市的收穫與販售的東西也會略有出入。我很興奮在炎熱的八月天裡，再度拜訪興達港。我真是很想看看放暑假的興達港的魚市，是不是也有一張暑期輔導的臉。

其實，無論是放暑假或是放寒假，越是放假，興達港的魚市，越是忙碌呢。我之所以會對興達港有如此多的依戀，完全是來自於十多年前開始的那一段兩小無猜的歲月呢。

老公的營區，海防的情人。

我呢，原本是一個在台北土生土長的，外省人第二代的小孩。然後，在廣告公司上班的時候，遇上從南部北上的老公。說真的，在那一個年代裡，我還真的是自閉

作家檔案◆黃含

之前，寫廣告文案。後來，在時報週刊寫：時尚，藝術，美學與文學……等等報導。現在，是作家。與插畫家——不達景，共同經營花票藝術工作室。目前，是花票藝術的創意總監。在臉書經營：安心步子—不達景粉絲團。寫作：安心步子部落格，一種精靈文學的創作。歡迎歡迎，觀賞觀賞。安心步子，安心走出走一步！

https://www.facebook.com/pages/安心步子-不達景/214813518536837

在興達港能買到許多新鮮海產。

呢。在認識老公之前，我居然幾乎不認識什麼是南部呢。甚至，也不知道老公是南部的小孩，真好笑吧。

一直到談戀愛，結婚之前，婆婆因為思念家鄉的親戚姊妹與朋友，又決定從台北搬回到高雄定居的時後，我才開始慢慢有機會，接觸了所謂的南部生活。我還記得那是十多年前的往事。依然在廣告公司上班的我們，只要一放假，十分深愛著母親並且非常孝順的老公，就會帶著我搭乘著野雞車，從台北坐車，將近五個半小時的路程。然後，一路坐到岡山交流道附近，再搭野雞車公司專派的接駁車，然後返回岡山的家。

婆婆的家住在空軍官校的附近。是一個小鎮，安靜的村落。對於久居繁榮台北的我，一開始挺不適應的。我還記得老公為了讓我更瞭解他，一方面也怕我太無聊，他總是會騎著他的50cc的小綿羊，從岡山的家出門，然後繞來繞去的，至少也繞了半個小時多吧，最後繞到了海邊——一個崎漏村附近的興達港。老公說南部最可愛最有特色的地方就是海岸邊了，他最愛的也是這種很親切很鄉土味道的海岸線。

而且，興達港剛剛好就是他在當兵的時候，每天巡守的海防營區。當年，他就是做海防部隊的班哨。然後，他就會開始分享當時他是如何在此巡邏的生活點點滴滴，以及值得回味的精彩小故事……等等。最後，他總是會帶著我逛著他最心愛的興達港的魚市。然後，我們會買著一堆好吃又便宜的現炸柳葉魚、蝦子、花枝……等等等的綜合海鮮，坐在興達港的海岸線，一邊欣賞著夕陽，一邊敘說著往事，一邊享用著美食。海風伴著昏黃的落日，真的有一種戀愛的滋味。當然離去時，我們總是會記得買好吃現做的虱目魚丸或花枝丸回去孝順婆婆。

即使，今年的情人節，相隔這麼久的歲月，我們再度來訪——興達港，依然充滿了戀愛時的記憶與回味。

過年碼頭，好吃的娛樂。

然後，我們終於結婚了。結婚以後，我們陸陸續續迎接了兩位美麗的公主來到這個世界。我們的大女兒，一直留在岡山，是婆婆親手撫養長大的。所以一開始，我們回南部看婆婆看女兒的時間越來越多，只要一有時間，老公就是會騎著50cc的小綿羊，來到他當兵的營區——興達港，似乎在此介紹給他的老朋友——興達港，他的新家人也來報到似的。

接著，與大女兒相差三歲的小女兒，也在台北出生與成長。為了讓兩姊妹有更親密的互動，我們夫妻倆回到岡山的日子越來越多，時間也越來越長。而興達港，更是我們一家四口時常休閒度假的港口，我們依然騎著50cc然後來個四貼，一起騎去興達港，看海洋，看夕陽，逛魚市，吃海鮮。有的時候，我們會與婆婆分兩台機車，一起騎到興達港，除了逛魚市最主要的是這裡的海產，新鮮便宜又好吃。因為真的就是靠近港口，所以真材實料成了這裡最強而有力的活廣告，比起台北市場販賣的海產，就是口感好了很多。

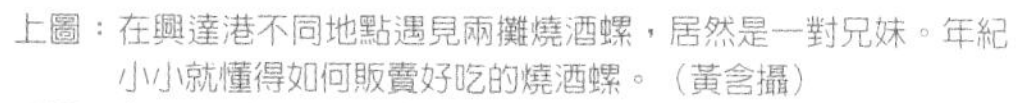
上圖：在興達港不同地點遇見兩攤燒酒螺，居然是一對兄妹。年紀小小就懂得如何販賣好吃的燒酒螺。（黃含攝）
下圖：滷的，川燙的…興達港的海鮮，總是津津有味。（黃含攝）

這裡的虱目魚丸比台北便宜而且有彈性，濃度純又很美味，店家也十分大方，難怪婆婆最愛買這裡的魚丸。然後，也住在台北的老公的三弟也娶了老婆，接著生了兩個男孩。逢年過節的時候，他們全家就會開著休旅車返回岡山，接著就會開著這台大型休旅車，把我們家族十幾人一起裝進車內，然後開往興達港，來個興達港半日遊的全家節慶之旅。

如今，我們的小孩都已漸漸長大。婆婆也在三年多前，突然發現罹患了肺癌第四期。如今，這一台休旅車，也已經裝不下所有的家人了。但是，去興達港的樂趣，卻依然是我們最喜歡的，充滿了家族的歡樂氣氛。只是，我們的交通工具，開始有了新的組合。無論中秋，或是過年，我們最喜歡帶著喜悅幸福滿足的心來到興達港的魚市。或許，婆婆現在不是很方便同行，我們就會到婆婆以前最愛買的那一家海產現炸店，買婆婆愛吃的柳葉魚，螃蟹……等等的現炸海鮮。

年輕時候很會做生意的婆婆也會機會教育的告訴我們，這間店之所以這麼叫座，是因為老闆很幽默又大方，很願意給客人試吃。老闆會非常熱情的唱歌給客人聽，逗得客人呵呵笑。難怪這間店人氣自然而然增加許多，無形之中讓他們的食物比起別家，感覺上也特別好吃了起來呢。也許興達港對許多人來說，只是一個買東西吃東西的好玩地方。對於我而言，卻有濃濃的感情滋味呢。

所以說，我們最喜歡稱呼興達港，是我們的：過年碼頭呢。還有，因為來到興達港吃吃喝喝的，心情總是特別的快樂愉悅，所以說：好吃的娛樂，就是從興達港開始的呀。

漁船的心情，海灣的夢。

時間，一年一年的過去。孩子，一年一年的成長。如今，又來到興達港，依然是那個戀愛時期的回味的味道呢。歷史與傳統就是這麼一幕一幕累積耕耘的嗎。今年的夏天，我又來到興達港。欣賞興達港的暑期輔導，依然是我的戀愛心情。也許興達港對許多人來說，只是一個買東西吃東西的好玩地方。但是，對於我而言，卻有著全家人濃濃的感情滋味呢。

我渴望著我的女兒，或著是我的孫女孫子們，也能夠愛上這個高雄味的興達港。我渴望我的女兒告訴她們的孩子，他們的外公年少時可是在這裡守過海防的呢。我渴望興達港能一直保持這份單純的心情，讓海灣本身就是一個夢呢。

座標◆興達港魚市

位在高雄茄萣崎漏村，崎漏灣內。台鐵大湖站下車，直行東方路即可抵達（約五公里）。中山高速公路路竹交流道下，往路竹方向直行，接東方路，或是沿台17線（濱海公路）即可抵達。每天營業，中午開市至傍晚七點點左右，連續假日，人潮較多。興達港魚市的特色在於新鮮美味、海產豐富、真材實料、樣式齊全種類多。

上圖：這一家是興達港最叫座的鮮炸海鮮店。（黃含攝）
下圖：小管，章魚，椰子鮑魚，還有魟魚…都能在興達港買到新鮮貨色。（黃含攝）

半斤八兩秤人生——批發國民市場的冷熱時空

謝佳樺

有32年歷史的長壽素食（鍾昀融攝）

國民市場裡營業五十幾年的「皮鞋嫂」

「老闆，這個一斤多少？人生……」
「八兩多，算半斤……」
「老闆，慈悲半斤多少？」
「智慧四兩108……」
「老闆，生活的重量，請您秤一下，值多少？……」
「…………」

首先，我必須先聲明：我鮮少上市場。真確的說法是，平常我根本沒有在上菜市場。而且，家人也怕我自告奮勇的要幫忙張羅飲食，因為……曾經……大包小包的採購，喜孜孜的展現剛從「國民市場」挑選的食材：這個、這個要做什麼，那個、那個是什麼料理……而且才一、二千塊……得到的回應卻是，姊姊說：拜託！你要辦桌嗎？你買的這些可以吃上好幾天！況且，你會煮嗎？……你有金錢概念嗎？……

曾經……從「長壽素食」用心打點回來的晚餐，得到的回應卻是，姊姊說：拜託！你以為十個人要吃嗎？就算這樣，你買的這些可以吃三天……

曾經……滿心歡喜的討好女兒昀融，煮了一鍋她喜歡的薑絲蛤蠣湯，得到的回應卻是，昀融說：媽媽，哪有蛤蠣比湯還多的蛤蠣湯啊……害她一段時間不敢喝蛤蠣湯，真是不好意思……

曾經……孝順、賢慧地煮一大鍋素食什錦湯，得到的回應卻是，媽媽說：佳樺，你是弄破鹽甕嗎？你是放多少高湯？

「我只有放一罐而已啊……」

媽媽說：啊！阿彌陀佛！你放一罐啊？那個高湯一次只要放一兩匙就夠了，難怪，我已經加了一大壺開水，還是那麼鹹……

「啊！失禮！失禮！媽咪，歹勢啦！我以為……」以上不是虛構，純屬一個詩人非常慚愧……慚愧的表白……

可是手執邀稿的主題：我與我家附近的菜市場。惶恐之餘，我決心深入走訪一個生活現實的真實……斟……食……

作家檔案◆謝佳樺

詩人、音樂家、西藏古文物收藏。創立詩元素108詩社。推廣跨領域精神，策劃創意觀念詩展。中山大學、高師大現代詩社指導老師。重要作品有《空白約兩分鐘》、《詩的化學方程式》、《音樂與詩的對話》、《藝術剳記》、《吉他交響曲NO.1 & NO.2》、《詩曼陀羅》、《西藏詩畫》等。出版音樂叢書五種、《西藏行腳》攝影輯二種、《當你唸著108顆詩句串成的念珠》等詩集三種。

冷熱飲之家（鍾昀融攝）

昀融說：媽媽，讓我幫你！

其實，也是幫我自己走出我對您的擔心……於是，女兒昀融與我手牽手，一起踩進國民市場的歷史與現實……

國民市場興建於民國45年，46年正式開張啓用，至今已屆54年了。

去年方接第一任會長的謝榮賢先生熱心的說：這個市場原來是民有的，民間經營的批發市場。後來收歸國有，並福利九年十個月免收使用費，現在是一所公營的市場。每天早上八點開市到下午一點多，有些攤位會營業到六、七點，每個月第三個星期一公休一天。

你知道為什麼叫「國民市場」嗎?

早期政府在仁愛街、苓雅路至四維路、復興路一帶，建蓋很大的第一批「國民住宅」，由於緊鄰，與提供社區所需，所以命名為「國民市場」。現在國民住宅已拆，不復見的社區走入歷史，市場仍攜帶著現實與記憶，往前邁進……

「國民市場」位於苓雅區，北面青年一路、東鄰仁愛三街、南臨中興街，西側忠孝一路的交會處，地理位置極為便利。方正的空間，中間一排蔬菜類攤位劃開，前方肉類區，後面是海產，旁側則為水果、衣飾……商家多，販售的商品種類繁多，選擇性高，客戶自然就多。周邊頗見屋齡的透天厝，顯示附近居民經濟水平不低，所以，被稱為高雄的貴族市場。加上民國98年規劃99年完工的仁愛街一側的整建，更見新氣象。

昀融說：走訪……就從仁愛街口的「任意門」進入吧……迎面的是……

冷熱飲之家

「冷凍芋仔」是大家對這家店最直接、親切的稱謂，已有四十年歷史的老店，位於青年一路、仁愛三街的三角窗。

老闆陳倉道先生與太太劉秀琴，繼承父母與大哥的事業，夫妻倆極為低調，長年勤奮不懈……

姊姊說「冷凍芋仔」QQ鬆鬆不黏膩，感覺得到的用心、貼心的甜蜜度。「蓮子湯」軟酥爽口，是我高齡媽媽吃起來沒有壓力，增加信心的飲品。小女兒昀融鍾愛「薏仁綠豆湯」，直呼：「綠薏」盎然，收買融融心……大女兒昀臻則堅持一貫的不吃料只喝湯。我呢，是慣例的姊姊給什麼只管吃，並且，面帶滿足地稱讚：好吃！好吃！

絡繹不絕的外帶聲：「老闆，四杯冷凍芋仔。」「六個芋仔、三個雪蓮、三個綠豆、三杯菊花。」

排隊的熟客熱心的說：「他們衛生好，真材實料，吃了還想再吃……」

雙手提著兩大袋的客人說：「我常來買，前不久才買了二、三十杯，同事們都稱讚不已……」

上圖：位於苓雅區的「國民市場」。
下圖：國民市場一隅。

上圖：菜販阿娟。（鍾昀融攝）
下圖：雲家檸檬大王——金桔檸檬。（鍾昀融攝）

「他們已經做三代了」

老闆的女兒怡如在旁靦腆的笑著，手不停地忙著。老闆說：「讓人吃得安心啦！要自己滿意，才能賣……洛神茶也好好喝ㄡ……」

刁嘴的美食詩人昀融說：「微甜、黏稠不膩的『銀茸雪蓮』好像在口中開出一朵一朵的蓮花，綻放喜悅……」

「老闆說天山雪蓮近似白木耳。我要仔細看，仔細地品嚐……就會發現，藏身其中，不同口感的蓮蹤……」

近七年才新增的平價養生極品「銀茸雪蓮」，是由精選的白木耳、量大物美嘉義中埔的龍眼乾、結實無籽的珍珠紅棗、大陸天山雪蓮，用白特砂糖，慢火熬最少五至七小時，必需在旁一直細心照顧著，否則容易焦掉，如此這般用心的守護方得。原本是煮來自己吃的，後來，覺得很好，決定分享出來……

老闆說：「最重要的是食材要用得好，食材不行，怎麼說都沒有用，做有功德的事，混口飯吃，就好了……」

長壽素食

「感謝煮的！」

興隆淨寺的心淳師父用餐前用台語說：「感謝煮的！」……我們什麼都沒做，就有吃得飽、好吃的東西可以吃，不感謝那個煮東西煮得大粒汗小粒汗的煮的，要感謝誰啊？……

「煮的」黃英傑不斷地進出廚房，端出一道道剛出爐的家常小菜，色香味俱全，親切地笑說：傳自媽媽的手藝，有媽媽的味道啦……

位在仁愛三街上，有三十二年歷史的素食店，是黃正雄、黃陳振時夫婦從一貫道道親手上頂下的，至今也已二十三年了，現在負責經營的黃英傑是第二代。親切的招呼聲此起彼落，交織菜香穿梭在小小的空間刺激味蕾，增進食慾……

黃英傑說：我每天早上五點半至六點都親自去果菜市場挑選食材，盡量選用網室的蔬菜，以安全蔬菜為主。為了健康考量，我們不用有添加物的再製品。調味料也用大品牌的、有信用的。推廣素食，乾淨衛生，外賣以便當為主，也接受外燴。常去吃異國、別人的料理，學習、吸收，消化成自己的創意。多年來篤信佛教，虔誠皈依藏傳密宗，親近西藏白玉塔唐秋竹仁波切，信守上師教誨，將修行落實在生活中……穿著中心特製印有「禁語」的大紅T恤，黃英傑說：方便大家吃素啦……

菜販阿娟

阿娟熱心的外送，方便了我們家裡素食的料理。攤位在市場正中央的位置，接手媽媽做了四十年的事業，自己也做了十五年了……每天早上五點先生來備貨，八點她來開市，至晚上六、七點下班。雖然長年長時間的工作，卻常面帶笑容的招呼。

阿娟說：「我也很喜歡玩啊，但是要顧店，所以也沒辦法……我們有兩個小孩，這個家就靠這個生意。」

邱淑娟的先生鍾德緣喜歡聽歌，每天下午休市之後，即放大音響：高興時還會裝上卡拉OK螢幕……

異國風情小店

單身年輕的老闆娘，已在這個市場做生意擺攤二十年了，近三年新闢小店面，日式商品與少許的歐風藝品，冷氣房內打造自己的夢想……獨樹一格……。

營業時間早上九點到下午兩點，每星期一公休。遠離塵囂索居，生活單純，下班之後的娛樂就是睡覺、種花，與大吃美食……

雲家檸檬大王：

「老闆，兩杯小杯。」「三杯大杯的」「老闆，一大一小。」「老闆，一瓶」……

老闆娘葉秋末說：「一瓶都是1500cc，不分大小，種類愈多愈麻煩，設備也要愈多，地方需要更大，所以，就一種就好了。」

「金桔、檸檬都是採用南部產的，要南部的好，你不知道「寶」啊，南部的太陽人。加上白糖熬五個小時煮的糖水，是消暑聖品。」

「我們是現壓現賣，現在外面的果汁，大家都不敢喝了。」

午前攤子擺在市場裡面通道口，下午五、六點之後就移到前面青年路上。

老闆雲健三說：我們雲家是在地鹽埕區人。父親不擅理財，早年投資失敗，於五十歲的時候才回到家裡專業內行的冰品。有五十年以上歷史的小攤，早年是媽媽賣粽子熱湯，爸爸賣金桔檸檬。雲健三原本開雲家旅行社，接任這冰品也有三十幾年了，現在是兄弟三人分任老闆，三班制，十五天一輪，各自備貨，各自張羅生意，全年只過年期間休假五天。

「皮鞋嫂」、「福嬸」：

八十幾歲的皮鞋嫂每天早上坐公車，八、九點到市場攤位，大兒子則從大寮騎機車來上班，小兒子每天五、六點騎機車載媽媽一起下班，日復一日……

修皮鞋老店就在與忠孝路平行的場內走道口，括、黏、敲、打、縫、補了五十幾個年頭。

「福嬸」頗具信心地說：我們修理的鞋子還可以穿很久，這個工夫是跟先生學的，可是，客人都說青出於藍……母子三人默默埋首為壞破的鞋子重生，讓鞋子再走更遠更遠的路……

走著走著昀融說：媽媽，就一個市場，就有這麼多故事啊……

上圖：異國風情小店。（鍾昀融攝）
下圖：「福elpers」母子三人默默埋首為壞破的鞋子重生。

高雄的農夫市集——微風市集

謝一麟

利用有機農法種植的南瓜。（謝一麟攝）

微風市集。（謝一麟攝）

農夫市集——吃在地，吃當季；食健康安心，食平等永續

「微風市集」是啥米？在微風廣場舉辦的市集嗎？不是，這是高雄在地的「農夫市集」（也稱「農學市集」），成立於二〇〇七年九月，是繼「合樸農學市集」（台中）、「興大農夫市集」（台中）後，國內第三個成立的農夫有機市集。近年來台灣各地陸續出現的農夫市集，其實這在國外早已行之多年。美國在一九七〇年代相關法案通過後，農夫市集便迅速發展，至今全美已有數千個農夫市集（其中較常被討論的如西雅圖的農夫市集）；英國、法國也有上千個農夫市集；而日本「地產地消」的觀念早已建立，相關形式的市集相當普遍。

其實農夫市集並不是一個新的概念，人類自有文明歷史以來，不分國家族群，農產食品的消費，一開始就是生產者和消費者直接面對面在做交易，這種面對面的形式，除了銀貨兩訖的買賣，還有倫理關係——包括信任、情感、品質安全的意義存在其中。只是現代的生活形式，讓消費者和農業食品的生產者距離愈來愈遠，和土地的連結、情感關注也愈來愈疏離。加上資本主義的發展，作為生產者的農民不但要承擔諸多天然風險，在所得上也被層層剝削，而同時消費者也經常吃到不健康、對土地有害種作方式的農產品。現代文明為改善食品健康安全、土地環境永續經營、合理的農產交易制度，已發展出許多相關的制度，其中不可或缺的一環正是在地的農夫市集，「吃在地，吃當季」不但可以真正減少農產品長途運送的碳排放污染，而且可以吃的健康安心，保障農民、農業良性發展。

微風市集的運作與特色

在微風市集擺攤的農友，所有的農產品都是「不噴灑農藥、不施用化肥」，以對土地友善的方式來種作。關於農產品的品質把關以及新農友欲加入微風市集的方式，現任微風市集志業協會理事長，本身也是種植有機芭樂的農民林憲輝說：「在填中

作家檔案◆謝一麟

一九七九年生於高雄（該年初「中美斷交」，年底「美麗島事件」），長於高雄。從小聞後勁煉油廠的臭氣長大，一直到大學念高雄醫學院，後來研究所念西灣大學，人生$^{30}/_{32}$都在高雄。現職是敲鍵盤打字、點滑鼠，還有按快門。

請書，參加說明會後，我們幹部會去看農場是不是符合規定。我們農友都是有機農友，所以一看就知道是不是符合有機規定，只要符合不使用農藥、肥料、殺草劑、機鈣，真正用自然農法耕種就可以，如果是取得有機認證那更好。現在經過輔導，我們市集所有農友已經取得政府的有機認證。」

微風市集有別於國內其他市集的特色主要在於對社區營造、社會福利的整合。林憲輝表示：「像市集攤位上面的染布，都是社區媽媽自己染的。這裡也沒有公司行號的攤位，我們全都是高雄在地的農友，沒有外縣市來的。整體的營造和其他市集不同，我們嚴格要求農友要自己生產的才能賣。經營節能減碳、自產自銷的環保理念。在社福方面，像是星星兒（自閉兒）、鳳山身心障礙庇護農場，都有產品到這裡設攤，所有收入都是回歸該單位使用。還有善牧基金會輔導的新移民姐妹，會使用我們農友生產的蔬菜等等這些食材，然後用南洋的料理方式做成產品在這裡販售，也是很受好評。此外，消費者和農友的關係後來就像朋友一樣，甚至擺攤時都會來主動幫忙。」

協助微風市集行政事務，以及田寮月照農場賣有機豬肉的七年級生余馥君提到：「微風市集有個很特別的地方，就是南部這些消費者，很多人自己家裡也在從事農產種植，或是對於農務不陌生，所以東西好壞一吃就知道，這裡的消費者比較不會在意外觀、包裝美觀與否這些，但是很重視農產品本身的品質，他們都吃得出來。」

用心栽種，用愛沃土

除了自然的風土條件因素，農民如何對待農產的種植照料方式，絕對直接影響農產品質，微風市集的農友，不但是用心在種植農產，更可以說是用生命在對待農業及這塊土地。美濃農民曾啓尚驕傲地說，在「微風市集」擺攤，為了展現自家玉米的優點，他率先提供玉米切片生吃的創舉，剛開始很多民眾都質疑、觀望，可是一試吃過後，幾乎都會毫不考慮購買，因為品

上圖：微風市集。（謝一麟攝）
下圖：在微風市集擺攤的農友，所有的農產品都是「不噴灑農藥、不施用化肥」。（謝一麟攝）

逛微風市集買菜，和農民做朋友。（謝一麟攝）

質優良的有機玉米，生吃就很香甜多汁，所以他的有機玉米在市集非常搶手。

曾啓尚表示，一般民眾不知道有機玉米的成本很高，不但玉米田種植的行距要放很寬（會減少單位面積產量），也要花好幾倍的人力去除草，不像慣行農法用除草劑就一勞永逸。雖然有機農業生產成本高，不符合經濟效應，許多傳統農民認為這是一項吃力不討好的工作，不過，曾啓尚還是很堅持自己的理想，積極對外推廣有機農業，更不吝分享自己的種植經驗。

有機農產品會比較貴嗎？其實未必，這是一種迷思。以勝隆農場（創世紀）為例，農友蘇冠宇說，因為其實不然，蘇冠宇說，自家農場因為產量大，相對地降低生產成本，有機蔬菜的價格並非一定就貴。雖然蘇冠宇的父親本身務農，但蘇冠宇跟許多人一樣，從小一路升學讀書，還到日本留學，但因自己女兒是天生糖尿病患者，讓自己決定投入有機農業，有機蔬菜對人體的健康會比較好。現在蘇家父子合力經營農場，也用自家有機蔬菜開發出不同水餃皮與內餡，口感佳且口味多元。

近期冠軍麵包師傅吳寶春為了找尋最好的食材做麵包，親自走訪微風市集農友的產地，了解生產栽種過程，並將和市集種植有機荔枝、香蕉、南瓜、九層塔等作物的農友合作，將在地生產的健康優質食材融入麵包中。

週末假日，不妨帶著全家大小、親戚朋友，逛微風市集買菜，和農民做朋友，也認識台灣的風土農產文化，找回人和土地的情感連結。

資訊 • 微風市集

◎營業地點／時間
※高市婦幼青少年館／每周六 8:00 ～ 12:00
※高市客家文化園區／每周日 8:00 ～ 12:00

資訊 • 微風市集志業協會

◎電話：07-3450204
◎網站：http://blog.breezemarket.com.tw
（網頁裡有每個農友的詳細故事與理念介紹）

資訊 • 農家小鋪（微風市集農友集資開設的店鋪）

◎營業時間：
週一 ～ 五：10:00 ～ 20:00
週六：10:00 ～ 16:00
◎地址：高雄市三民區鼎瑞街82號
◎電話：07-3458686
◎E-mail：farmshop.tw@gamil.com

我爸我媽和我的國民市場

蘇惠昭

爸「做對年」前一天，媽為了饌一桌他的最愛鑽進市場忙了一個早上。我從基隆搭公車轉區間車乘高鐵再換捷運回到高雄家時，餐桌已擺著上一隻土雞。炒筍絲。國民市場魚丸。蝦捲。煎虱目魚。紅燒三層肉。米飯。水蜜桃。發糕。紅圓。一疊紙錢和香，一束花。

土雞太韌，爸咬不動；肉太肥，會胖，爸不是最在意這個？我問媽。他現在什麼都能吃了，媽說。

那應該買八寶冰和加滿紅豆的雪花冰才對，我提議。

無人拜剉冰的，媽提了一桶水潑過來。我媽這個人，隨不隨禮俗，有時固執，有時鬆散，很有彈性

我上高三那年家裡從三民區覆鼎金搬到苓雅區中興街，一方面是為了爸調職，一方面，因為這裡距離國民市場很近，只要過一個林森路，走路十分鐘就到。對爸媽來說，選住家地點，沒有一個條件比得上「近菜市ㄚ」，而興建於民國44年的「國民市場」則是我大高雄菜市場界之中的一顆明星，和後來燒掉的大統百貨同一級。不過那時距離我的「菜市場年代」還相當遙遠，當時菜市場對我而言比較像一則虛構故事，我沒興趣探聽桌上的菜從哪裡來，當季的、現流的，一斤要多少錢，但中興街離青年書局很近，到純發麵包、大統百貨店也不遠，這一點我很滿意。

時間撲通一下跳到二十一世紀，而我們都在時間中改頭換面，如今傳統菜市場於我，堅堅實實是一個和書店、DVD出租店同等重要的所在，如果硬要排序，菜市場是永遠的第一名。但到底菜市場哪時起成了我生命的一部分，認真回想，應該是結婚後住在高雄家（我不喜歡用「娘家」）那段時間。那時丈夫當兵抽到屏東空軍基地（噢，是早婚啦），我晚上在報社上班，上午和媽媽到國民市場買菜——其實是提菜籃，兒子也在這時報到。就這樣我走進市場，市場氣味一個分子一個分子的滲進我的肌膚，無聲無息被靈魂吸收，但真正要與市場水乳交融，還得再翻

作家檔案◆**蘇惠昭**

她在高雄住了十五年，混過新興區、三民區和苓雅區。

她被稱為資深自由撰稿，這是因為通過時間的累積，她採訪／撰寫過許多人，作家、藝術家、企業家，以及沒有頭銜的人。只要是人，都有他的專業和不專業，光亮和黑暗，美麗與醜陋。只要是人，都有故事。

她認為，台灣最可愛的人必在傳統菜市出沒。

她的生活就是過日子。每天看各種類型的書、各種類型的電視電影，每天走路或跑步，每天和貓玩，每天買菜和煮飯，每天倒垃圾。

滾過一段時間，等到我辭職回家，步入日日做飯燒菜的家庭主婦生涯，這中間還穿插進了一段背叛傳統市場的「超市時期」。

買菜，我爸和我媽，一人行一路。我媽買菜很有準則，雞鴨魚肉蔬菜，只光顧她信任的那幾攤，總之她有自成一家的判斷標準，而且不買熟食，不是說醬油不好，就是說有防腐劑，懷疑心很重。菜市場像一座寶山，爸說，母ㄚ是入寶山空手而回。

我爸比較多面向，他是一個挑剔食物的人，一個愛逛市場的男人，而且會一個攤位一個攤位逗逗仔ㄙㄟ（我後來也變成這樣，算是遺傳），所以只要是放假他去市場的那一日，我家餐桌就會出現被媽媽碎碎念的食物，但總是特別美味，譬如國民市場旗魚丸和魚丸對面國滷味灘的滷大腸滷豆干什麼的。爸知道哪一攤的鹹鴨蛋好吃，知道禮拜幾有賣古早味雞蛋糕。他會特別到市場內的豐年食品蒐尋日本貨，國民市場內何以會嵌入一家日系食品行，這我後來才知道，五○、六○年代，日本公司紛紛進駐加工出口區，日本公司宿舍就在國民市場附近，因此才有專賣日本食品、調味料的豐年，很高檔的。豐年連結著爸的日本情結，他是一個看日文書、讀日本雜誌的台灣老男人，他的內在和味覺交纏著日本、台灣、中國三種文化，神祕深闊，我從來無法理解。

都說要離開一個地方，站在遠處看，才會把那地方看得更加清楚，果然，我就是離開高雄，離開國民市場後才回頭認識高雄和國民市場的。反過來說，對出入國民市場三十多年的媽，她說起這個市場，就平淡到好像嚼著一道無鹽無油的水煮青菜。

一個女人，她為了燒菜做飯而日復一日走進市場。燒菜做飯對她來說起初也只是義務，一定要等到她愛上這件事，把做出來的每一道菜當成必修功課，是一項作品時，才會和市場發生感情，接著交上「市場朋友」，最後向市場裡那些和生猛海鮮一樣活跳跳的人學習天上地下的常識（「今年只來一個風颱」魚販說）和人生道理（「人生親像賣菜，價錢每天不同，

上圖：「國民市場」販售的商品種類繁多。
下圖：國民市場內的菜販。

上圖：忠孝夜市內有口碑的鮭魚炒飯。
下圖：越夜人潮越多的忠孝夜市。

時好時歹」菜販言）。

「逛市場一種神聖的行為」作家簡媜寫過一篇題為〈聖境出巡——菜市場田野調查〉的散文，她如此破題，然後再如此解析：「——逛菜市場對女人而言實是一種遙遠的召喚、一種鄉愁，乃至一種重返『聖殿』的儀典。女人藉由置身其中再次回到遠古曠野，重新取得讓生命延續的祕密能量」。

離開了高雄，我搬到台北再遷往更北的基隆，至今通過古亭龍泉市場、內湖737市場和基隆仁愛市場的嚴格鍛鍊，再參酌出入各大超市、各大賣場之雄厚經驗，挾著這份與日俱增的見識，我一次次返回高雄，一次次進入國民市場，我想說的是，經過交叉比對，在我神聖的市場人生中，國民市場賜給了我最強的能量！

除了國民市場代表作國民市場魚丸，這裡有最多菜販「自己種自己賣」，有一攤交替著賣絲瓜、大黃瓜、茄子、長豆、冬瓜，有一回我採買了一箱冷藏運回北部（「運費都可以再買一箱了」媽說），不知怎樣，就是特別好吃。又又一家是在嘉義種地的水果攤，夏天賣芒果，冬天賣柳丁，產季結束就收攤。我媽固定跟一對七十多歲的夫妻買菜，不帶錢都可以拿走一大把，有一次他們身邊多了一個中年男子，介紹說是在新加坡的銀行工作的兒子，返台探親期間每天都來幫忙賣菜。

那個賣滷味的，每天妝水水，找錢給妳時會脫下手套，大家都喊她「阿水」。賣麻糬的阿伯，每天都從旗津騎腳踏車到忠孝路，現在由第二代接手。與早市一起上場的屏東肉圓，幾十年來租金從三千漲到兩萬六，但肉圓一顆只從五元變八元。而在尚品冷熱飲，你可以買到稀少的「米糕粥」、「蓮子綠豆蒜」。

有時我不免想，我到底是為了讓爸媽看才回高雄，或者是為了逛與忠孝夜市合為一體的國民市場？

為爸做完「做對年」，時近中午，我馬上鑽進國民市場仔仔細細逛了一圈，買到一件背心，兩把香椿，外帶一碗彭氏麻辣豆腐，看到有人擺出紅毛筍在賣，想是自己種的，最大的一支有我半個人高，一斤才二十五元，我努力忍住才沒有買下來。最後，要去趕車之前，媽在我包包裡裝了半隻土雞和一大袋國民市場魚丸。

也許我是為了國民市場才愛回高雄，也許更因為，那裡是我爸和我媽和我記憶的交疊之處，震盪著親子間的酸甜苦辣與市場的五味雜陳，只是，我再也聽不到爸喚我到市場去給他買一碗八寶冰了。

無刺虱目魚的好滋味

陳俊合

清早前鎮魚市場的拍賣景象。（陳俊合攝）

處理鮮魚的魚販。（陳俊合攝）

「陳先生、陳太太，早！今天想要買什麼魚。」

「我要三尾虱目魚肚，待一會兒再來拿。」

「我先處理其他客人的魚，待會兒有空再幫妳清理三尾虱目魚肚。」

「大約多久時間？」

「今天客人多，我先幫前面買的太太處理魚刺，等三十分鐘後，好嗎？」

「好！我先到附近其他攤位逛逛，稍後再來拿。」

十年前，從屏東市搬到高雄市左營區，為瞭解居家周遭附近有那些傳統菜市場，於是陪著太座逐日展開搜索與深入探訪，一次偶然開車路過金鼎市場，也前往買了幾次，卻發現這宛若工廠的空間裡，充滿著濃厚人情味。

位於三民區鼎中、金鼎路口一處外觀不起眼的金鼎市場，擺攤販售水果、蔬菜、魚類、肉品等寥寥可數，每項最多不超過兩家，有的甚至僅此一家，別無可供選擇，買東西要貨比三家的法則在此是行不通的。

子曰：「君子遠庖廚」，在我家是行不通的，因都是男生，母親從小就把我兄弟三人當女生看待，平日家裡洗衣、煮飯、掃地、顧柑仔店等大小事都得做，所以上菜市場買菜，已不是啥新鮮事。小時候，住屏東機場眷村時，清早六時就得趕搭乘僅開一班次通學交通車，車站等候區就緊鄰兩排不到十五攤，卻是南北貨、單幫客香港貨等五臟俱全的小市集，有時陪著母親買菜閒逛時也順便認識各種瓜果、蔬菜，覺得挺有趣的。

我那個童年沒有電腦，亂種蔬果、花草則變成課後休閒。住眷村時，家前後院很大，可任意墾地開畦，以小面積十多坪來種植，曾栽種過芭蕉、落花生、空心菜、小番茄、玉米、毛豆、小白菜等，每當收

作家檔案◆陳俊合

一九六〇年生於屏東市，曾任民生報、台灣時報等媒體記者、二〇〇九世界運動會組織委員會基金會執行長辦公室執行秘書，喜愛書畫、攝影、園藝。踏入新聞圈二十多年時日裡，由於腳踏實地深入報導，更深切認識台灣鄉土之美，熱愛生於斯的土地與文化。

成時就滿心歡喜，但當白菜被毛毛蟲吃個精光，毛豆遭人偷摘時，就當場嚎啕大哭。

進入媒體圈，因必須經常報導高屏地區農漁業現況，無論是婚前單槍匹馬上市場幫母親買菜，還是婚後陪太座去市場買菜，都是一兼二顧，邊詢問零售市場蔬菜、魚貨、肉品等行情，還得一邊提菜，一邊把耳朵豎起聽各種菜價，價格漲跌，探尋可能影響行情因素，成為新聞題材。二十多年來，也因新聞採訪，跑遍高屏各地鄉鎮市及漁港、農會、市場等，雖未敢言吃遍山珍海味，或看遍奇花異果，但對各種食材良窳總能略知之一二。

金鼎市場是私人土地上設置的早市菜市場，十五年前很熱鬧約有三百多攤，現存三十多攤，賣魚的僅兩攤，老實古意的鍾錫榮、陳庭雲夫婦是其中之一，兩人待客親切且魚肉處理乾淨，價格公道，十多年來慘淡經營，生意自然不錯。

屏東縣車城鄉長大的鍾錫榮，從小家境清苦，小學期間就做長工幫人趕牛、犁田、割水稻、割瓊麻，十六歲偷跑離家到高雄市前鎮區某車廠學車床修車技術，夢想未來可以開一間汽車保養廠，赤手空拳自己當老闆。不過，這夢於倆人民國七十年婚後的第三年，兒子出生，礙於車廠每月工資五佰元，無法支應家裡三餐、房租、奶粉錢等開銷，為增加家庭收入，毅然捨棄「黑手」轉投入游擊組跑給警察追的「路邊董事長」當起賣水果的小販，甚至到果菜市場租攤批售水果。

鍾錫榮回憶起這段辛酸歲月，感慨的說：「有一陣子去賣水果，還是沒賺到錢。」、「因為外行，不諳挑水果，黃皮香瓜過黃就太熟了，乏人問津，賣不出去就整箱搬回家自己吃。」、「真的是隔行隔山，不會買也不會賣。」、「沒賺錢的命，運氣不佳，做一行賠一行。」他們夫婦為掙錢，很拚，幾乎成了超人，每天睡不到五小時，起床的目的就是為賺錢，甚至聚少離多，各自去找販賣的地點，上午早市與下午黃昏市仔的中間空檔也沒閒著，跑去為亞洲唱片、亞洲電腦公司員工洗車，都精疲力竭。

「阿榮仔」鍾錫榮苦笑著說：「每天兩人是做到精疲力竭，沒辦法啊！沒工作就沒收入，所以起床後滿頭腦都是在想賺錢的方式。」、「一天二十四小時真的不夠啊！。」因水果生意不賺錢，想起鄉下叔叔是賣魚的，所以水果不賣了，轉換跑道去賣魚，但初期生意還很差，賣魚要學的功夫也頗多，如何除去魚鱗、清理魚內臟？去蚵仔寮、興達港、旗津中洲、前鎮魚市場等地批貨，如何聽得懂拍賣員機關槍式的喊價數字？都是全新的探索與學習。

前鎮漁港是台灣最大的遠洋漁業中心，漁船數量和漁船噸位都是台灣第一；前鎮漁市場更是魚貨新鮮，人聲鼎沸。鍾錫榮強調，過去批魚貨下午要遠赴蚵仔寮，清晨趕往旗津漁市場，現在非常方便，清早四、五時到前鎮漁市場就可以買到各式新鮮魚貨。

不過，「那有賣魚的不會剁魚頭、切魚

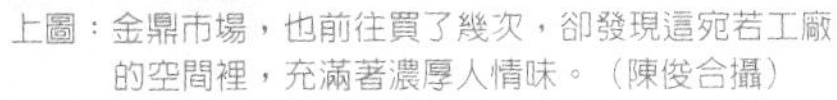

上圖：金鼎市場，也前往買了幾次，卻發現這宛若工廠的空間裡，充滿著濃厚人情味。（陳俊合攝）

下圖：前鎮漁港是台灣最大的遠洋漁業中心，前鎮漁市場更是魚貨新鮮，人聲鼎沸。（陳俊合攝）

上圖：賣魚要學的功夫也頗多，如何除去魚鱗、清理魚內臟？（陳俊合攝）
下圖：在重要節日或星期假日，阿榮仔夫婦的攤位幾乎是門庭若市。（陳俊合攝）

腹、去魚鱗？」鍾錫榮很靦腆的指出，當初真的不會殺魚。但為了顧巴肚，也只好硬著頭皮做，當然有不少客人耐不住性子或看到處理手法笨拙會破口大罵，因沒人教殺魚訣竅而利刃往手指頭上殺，是常有的事，這些辛酸過程只能往肚裡吞，夫婦倆只能抱頭痛哭後再衝。當然，也有許多登門買魚客戶成為我的師傅，會不吝教導，我虛心求教且邊學邊做邊改邊修正，就這樣慢慢學習，自己摸索，批發魚市場老拍賣員口聲重聽不太懂，剛開始就站一旁觀摩他人，看久也看出竅門，就看手勢、聽尾句，放大膽和人喊價。

鍾錫榮拿著拔豬毛夾仔細挑出暗藏虱目魚肚邊的每一根魚刺，讓客人回家後能輕鬆料理。（陳俊合攝）

高雄市鳳山區南京路邊五甲社區、寶鼎街、自強路橋下、金獅湖等地市場都曾去設攤叫賣魚貨。剛開始賣也是挫折不斷，一度想放棄，很掙扎，後來有一次過路內門鄉紫竹寺入內拜拜，順便問事，請示菩薩可否轉賣魚生意。」、「原本擔心神明不鼓勵殺生，不會贊同，結果擲三筊都聖筊。」就此心頭拿定，但首次拿錢出來投資就慘賠，鼎中路旁市場預定地福德市場開幕第一天就被拆除，賠了四十萬元權利金。

一生積蓄就此泡湯，但危機也許就是轉機。市場被拆後，大伙就轉移陣地，另起爐灶在鄰近私人地設金鼎市場，也因此在這市場安定落腳，許多建立二十多年情誼老主顧，也都會不辭辛勞前往採購，尤其在重要節日或星期假日幾乎是門庭若市，阿榮仔夫婦雖忙的不可開交，但都會很親切招呼每一位登門客人，且不厭其煩介紹或講解當季有那些新鮮魚貨的特色與口感。

當然人氣最旺的還是虱目魚肚，鍾錫榮處理虱目魚肚非常細心，會拿著拔豬毛夾仔細挑出暗藏肚邊的每一根魚刺，讓客人回家後能輕鬆料理，家中小孩子、長輩都不必擔心吞入魚刺，甚至依照每一位顧客需求進行所購魚貨處理和包裝，就是這一份貼心與用心，誠懇認真對待老主顧，讓他想休假都得預先告知。

鍾錫榮現在賣魚，感覺是認命，也是一項使命與榮耀。

鍾錫榮現在賣魚，感覺是認命，也是一項使命與榮耀。（陳俊合攝）

水果一條街

阿水

產地直送的卡車水果攤。（王惠玲攝）

武廟路是水果集散勝地。（王惠玲攝）

「來喔～來喔～來喔！葡萄一箱佰伍摳，ㄇㄝ呷葡萄ㄟ卡緊來喔！！」

「奇異果一粒五摳，打五幾剛（只有一天），卡緊來買喔～～」

像是例行公事一樣，隨著下班人潮、車潮逐漸湧現，武廟路與福德路口兩家具地緣關係的水果攤商開始傳來宏亮的「叫賣聲」，對著熙來攘往的人群傳播令人驚喜的福音——全高雄最划算的ＸＸ（每天內容不太一樣）在這裡，不買就太可惜了——此起彼落的隔空叫陣帶動不斷高漲的買氣，每每讓人路過都很難不被熱鬧的氣氛感染，迫不及待停下腳步加入水果教的朝聖行列！

水果集散聖地

武廟路，我家附近的水果集散聖地，我就像虔誠的信徒一般，只要人在高雄，每個禮拜必定來朝聖一次。說起來不可思議（不過這才叫「聖地」啊），介於輔仁路與大順三路之間短短不到一公里的武廟路上，從固定店面、臨時攤商到產地直送載貨卡車型的各式「水果聖殿」至少就有二十幾處（註1），而且還不止一家二十四小時營業。雖然看不到果樹，卻有住在果園裡的感覺，儼然是虔誠水果教徒的樂園。

至於水果街的興起，則不得不提到同一條街上的關帝廟（武廟）。凡高雄人大概無人不知、無人不曉的武廟，肇建年代可追溯至明朝，殿內供奉著五路財神、關公、文昌帝君、月下老人、註生娘娘、福德正神、觀音菩薩等十八尊神祇。因為參拜一趟福大祐大，是許多高雄人求生意、求財運、祈姻緣的首選，終年香火鼎盛，並與斜對街堪稱高雄歷史最悠久的公營黃昏市場共同孕育出東高雄著名的武廟商圈，從蔬菜水果、生猛海鮮、家禽家畜肉品、南北雜貨、熟食小吃、日用百貨到流行服飾一應俱全。凡是不便在早市採買的上班族、習慣晝伏夜出的夜貓族、來補充在早市漏買食材的婆婆媽媽、抑或是純粹喜歡湊黃昏市場熱鬧的，不論是計畫到武廟參

作家檔案◆阿水

阿水，本名王惠玲。一個自從經歷生平第一場長途單車旅行後，便染上無可救藥的「慢性病」之生物。目前定居好門：goodoor.idv.tw。

拜、還是準備祭祀一家大大小小五臟廟的人們，總在下午三時之後將原本就不寬敞的武廟路擠得更狹窄，並在五六點左右達到顛峰。

武廟市場早期被稱為「垃圾市場」，主要是由於許多攤商將白天在傳統早市賣剩的菜再移到黃昏市場清倉俗賣之故。雖然近年這樣的景況已有所改變，魚肉蔬果的品質也不再是賣剩的等級，但價格比早市便宜卻已成傳統。即使在都會區量販店環伺的局面下，這裡的買氣依然居高不下，許多人甚至寧願捨住家附近的早市，也要等下午繞道來此買菜。而由此地緣關係群聚形成的武廟水果街，自然也延續黃昏市場的優良傳統，一年四季供應著既新鮮又便宜的水果。

果色四季

屬於熱帶海洋性氣候的高雄是一座夏天的城市，要從含糊的氣溫感受到季節變換並不容易。然而，水果街上的四季卻分明地流轉著。當粉嫩的桃與嬌豔的李為城市帶來春天的氣息逐漸消散，一串串飽滿多汁的荔枝、龍眼與葡萄便高調地登場；緊接著，大紅西瓜、小玉西瓜、芒果、鳳梨一同加入，壯大這屬於夏日的隊伍；稍後，柚子、柿子、梨子、蘋果披著秋色相繼上市，待他日空出檯面再任由橘子、柳丁攻佔，向往來的城市居民宣告冬季已悄然降臨，一年又將結束，週而復始……這類季節的變換在那些產地直送的發財車上尤其明顯，因為車上沒有冷藏的進口水果專櫃擾亂視聽，總是載運著本地當季盛產的少數幾種、甚至單一種水果，為這座四季如夏的城市呈現屬於季節的本色（註2）。

幸福水果街

虔誠水果教徒如我，一定能發現除了隨著季節更迭的水果秀，街上的水果們其實還有另一個生命週期的循環——站在檯面上最主要位置的，一定是剛在水果街嶄露頭角、天生麗質的新秀們，和條件相當的同儕靦腆地望著顧客微笑。幸運的，便在生

與未經包裝的食材做最真實的接觸是逛傳統市場的樂趣之一。（王惠玲攝）

上圖：街上頗具規模的水果行就有好幾家。（王惠玲攝）

下圖：店員熱情開朗的叫賣聲總讓人忍不住跟著熱血沸騰掏出錢來買水果。（王惠玲攝）

上圖：五彩繽紛的水果切盤有如水果街的縮影。（王惠玲攝）
下圖：入夜後依然燈火通明的24小時水果店。（王惠玲攝）

命（價格）最輝煌的時期揮別舞台走入家庭。要是先天不良呢？沒關係，再靠近馬路的外圍，那裡總有一群「熟面孔」、或是受到職業傷害的同伴歡迎大家高舉特價的牌子一起相互鼓勵兼取暖：「一定能遇到心意相通的顧客的！」；那，要是依然乏人問津呢？放心放心，看到旁邊的直營果汁吧了嗎？和其他老朋友在果老株黃前一起瘋狂地旋轉一曲你濃我濃，感覺一下子又回到年輕時代了！要是、要是仍然賣不出去呢？吼～看到果汁吧上一張張打趴全國無敵手的特價大字報，我相信絕對不會有人懷疑水果來到這裡會銷不出去。是的，無論是青春無敵的嬌嬌水果們、散發成熟韻味的拉警報水果們、或是只食其味不知其相的果汁們，武廟水果街上的顧客和水果們總是能各得其所，找到彼此的另一半，過著幸福快樂的日子呢。

讓消費者趨之若鶩的滿車芭樂，果然是當街最低價。（王惠玲攝）

來到這處處充滿誘惑、五光十色、百家爭鳴的水果一條街，任何精明的消費者都絕對可以在此體驗到「買到最便宜」的顛峰經驗（一種幸福至極的心靈狀態）。不過，我猜更可能的是像我一樣，才買了幾次便皈依了某幾處聖堂，不但從此省去貨比三家，還會因為老闆貼心的問候與服務（通常包含價目表沒寫出來的「老闆說了算」價格），就算進貢到超出預算都甘之如飴啊～

※註1：街上另一個高度聚集的產業還有冷飲店，店家數量比水果攤更驚人！

※註2：就算是販賣一年四季皆有生產的水果，隨著價格漲幅還是可以嗅出季節的變換。

座標◆武廟路水果街

◎地點：高雄市苓雅區武廟路（輔仁路至大順三路路段）

◎典故：鄰近信仰中心武廟，加上一所三十幾年歷史的公營市場，而在比鄰的武廟路形成水果街。

◎特色：物美價廉，二十四小時不斷貨，平日下班時段最能感受水果商賣的熱血。

龍肚庄

鍾永豐

龍肚庄的農田景象。

我家在美濃東邊，庄名龍肚。

如果大冠鷲從庄北的茶頂山升空，俯瞰，會看見龍肚庄其實細扁如一片荷蘭豆莢：東邊有獅山，西邊是龍山，兩座高度不到一百公尺的小山脈夾著狹長谷地，中間最寬處一千多公尺，往南、往北收縮至六、七百公尺。中間是五千多公尺長的鄉道51號；鄉道略略蠕動，只在中間進庄及南邊碰到獅山大圳時，才猛轉個弓字彎。

嚴格說，龍肚我庄並沒有菜市場，在人口最多的一九六〇年代，最熱鬧的龍肚街上只有雜貨店、中藥行、理髮店、冰店、粄條店各一家，與兩個豬肉攤子；它們集中於龍肚庄西側，人們把那裡叫做「西角」。當時約略以龍肚庄為中心的生活圈人口曾多至五、六千人之譜，商業活動卻如此不發達，實反映了我庄特殊的人文社會性質。

我庄的農業夥房合院家族有個糧食自給自足的理想。主食是稻米，一年兩獲；龍肚庄在清朝時期是六堆客家地區條件最優秀的稻米生產地，庄南的大份田與庄北的小份田有幾百甲土質肥沃的良田，庄民從茗濃溪鑿圳接引，水源終年不斷。蔬菜副食，隨四季變換；屋前屋後、路側、水邊的畸零空地，鮮少逃得過婦女們的勤快手腳。肉類蛋白質的培育更重要；雞寮與豬欄是夥房空間規劃的一部份，鴨子喜歡水，鴨舍會設在半月池邊，池裡養著草魚、鯽魚、大頭鰱、南洋鯉。果樹通常繞著屋子種，常見如芒果、龍眼、蓮霧、香蕉、木瓜、芭樂、釋迦、荔枝、楊桃等等，它們不僅供應各季水果，還幫忙擋煞、遮陰、修飾屋場風水，為土地公創造多子多孫的吉祥意象。

主副食自給自足的理想，及其實現，影響我庄深遠。最表層的結果是菜市場也就不需要了；豬肉不能私宰，所以肉販尚能存在。七〇年代經濟好轉，村子出現了兩個機車魚販。早上他們從隔壁旗山鎮批到海魚後，先在肉攤附近停一陣子。買肉的人減少後，他們騎去村子外緣的夥房叫賣。我家夥房在更外圍，他們溜進時已近中午；祖父又想吃海魚，又氣魚已不新鮮，

作家檔案◆鍾永豐

一九六四年生於高雄美濃，詩人、作詞人、音樂專輯製作人、文化行政工作者，社會學碩士。

一九九〇～〇四年追隨中研院民族學研究所長徐正光，調查屏北客家農業經濟，一九九一年主辦第一屆六堆客家夏令營，一九九四年參與「美濃鎮誌」、「高雄縣文獻叢書」及桃園縣「龍潭鄉土誌」編撰工作。二〇〇三～〇九年擔任嘉義縣文化局長。

一九九八年組交工樂隊，負責製作與寫詞筆手。二〇〇〇年以《我等就來唱山歌》專輯得金曲獎最佳製作人獎。二〇〇五年以客語歌詞〈臨暗〉、二〇〇七年以客語歌詞〈種樹〉得金曲獎流行音樂最佳作詞人獎。

每次都罵他們奸。

夥房因此變成一個個食物與人際交換系統的連結中心，每家消受不完或吃膩的蔬菜水果都拿去送鄰居、親友，用以還人情或增強關係。連結機制的發動機仍是在婦女身上，她們腦子裡永遠有一本隨時更新的記事簿：阿龍嫂前天來聊，給了幾條絲瓜，今天串門子可以回送一籃茄子；隔壁叔婆上週給了一袋芭樂，今天割香蕉，留兩串給他們家；三姑的媳婦做月子了，雞寮裡有兩隻閹雞七斤重，探視時正好抓牠們當賀禮。

小孩子的「消受不完或吃膩」定義，與大人記事簿裡的交換邏輯、優先次序與急迫性，常常不對盤。池塘裡剛打上來的魚、新季的水果、釣了一暑假青蛙養大的番鴨等等，明明就還沒吃過癮或根本不夠吃，就被拿去送人了！

媽媽們的食物交換意識，有時也會跟自己過不去。在大家族時代，年輕的婦女沒有經濟權，有時想多給點零用金，讓子女多買幾本參考書或添件新衣服，可是分配到的錢就這麼一點，子女一撒嬌就心酸。怎麼辦呢？母親曾想把園子裡盛產的青菜挑出去賣，可又怕碰到熟人，不好意思，於是就差遣勤快的大姊及三姊挑出去試看看。結果呢？一樣！連出聲都不敢，狼狽而回，一把也賣不出。

所以我家出不了生意人，乖乖把書唸好，該考的試考好，當個公教人員或任職穩當的公司，才是正規。整個村子，或說整個美濃，也差不多是這般家道路數。鎮上幾個興起於日本時代的政治望族，儘管家財萬貫、權傾一時，後人仍是一關關挨過國家考試認證，老師、校長、公務人員、醫師等等出了一大堆。說是「耕讀傳統」的發揚光大，其實是客家村子裡嚴謹的副食品交換體系抑制了功利性的人際關係運作，使得商業文化難以進展。大人如此，我們做孩子的當然也不會把做生意納進人生選項了。

回到西角，我庄僅有的商業市集，還是有些樂趣。在美濃還是相對孤立與獨立、龍

古厝前的廣場是曬福菜的最佳場所。

上圖：遠眺整個龍肚庄。
下圖：自家飼養的家禽。

上圖：屋前屋後、路側、水邊的畸零空地，都成了自給自足的理想菜市場。
下圖：婦人在自家門口擺攤販售自製的客家農產品。

冰果店內一隅。

肚相對於美濃鎮上又帶點倨傲的年代，那些樂趣簡直是驚奇了。

我家到西角九百公尺，轉兩個彎，第二個彎一轉就是西角的小廣場。到了傍晚，兩部賓士老卡車一滑進來，安靜的小廣場開始滾動。老卡車上滿載著豬與水牛的晚餐：蕃薯葉與甘蔗尾葉。卡車上的工人一攬攬地丟下來，司機在下面負責收錢，買蕃薯葉的清一色是婦人，買甘蔗葉的大都是少年；這說明了豬與水牛的家務分工。二十分鐘內，不囉唆，卡車上的食草就清光了。卡車一走，小孩子一擁而上，搶著撿拾掉落在廣場上的蕃薯葉。他們不見得是窮小孩，而是我庄那個時代物盡其用、人盡其才的精神表現啊！

小廣場邊，一東一西兩對面，是我庄僅有的風騷了。東向的是冰果室，賣著全臺灣只在本鎮才有的香蕉油清冰。那冰我不太喜歡，吃幾口前額就開始微暈，可那冰店在壓抑的我庄，可是唯一的夢幻出口。掌店的老板女兒有多美我記不住了，但她的身影風景卻與我庄現代史同在了。

她身材高佻，不多話，彩帶束髮，妝扮永遠圍繞著素白短袖上衣加淡雅花裙子的組合。她傾身舀冰，轉身，花裙微揚，輕盈走步，放下冰，嘴角一絲絲微笑，再轉身離去，不知主演了我庄多少有志青年的性幻想場景。

西向的是理髮店，但重點不在髮姐，而是店老板兼師傅的老婆。她是我庄的豬販仔中人，專門為河洛豬販穿針引線。她是本庄唯一可用「婀娜多姿」形容的女性：油亮側梳的髮髻上一定有朵塑膠花，花布上衣、黑長褲合宜地包覆她的修長體形，走路是蓮花碎步，腳踏繡花鞋，上豬販的機車一定是側坐，右腳架在左膝蓋上。那些河洛豬販不知利用她賺了多少錢：豬農一見著她，就像發春的豬公，神智不清，任人說價。難怪每次他們來買豬，母親定把父親支開。

香蕉果樹結實纍纍。

魔術時光——黃昏一場華麗的探險

李志薔

鼓山內惟市場入口。

我在十八歲負笈外地求學之前，最精采的童少時光，大抵都是在高雄鼓山、內惟一帶渡過的。那時沒有電腦、電玩，亦顯少聲光效果具足的科技遊戲，平日，除了街坊里巷間的穿梭遊蕩，最能勾起我們熱情、並津津樂道者，一是深入打狗山禁區尋寶，另一個則是傍晚時刻，內惟黃昏市場的華麗探險。

那時整座打狗山除了水泥廠外，其餘多屬軍事禁區。蠻荒野地自然是野孩子課後奔馳的場域。有好幾年的時間，我經常和鄰居友伴偷偷從龍泉寺無人小徑潛入，採木瓜、逗獼猴、遊石洞、摘魔芋；最後一齊翻到背面的柴山看海。十餘年後「柴山自然公園」成立，我從報上得知，才恍然明白：那裡原本就是我童少時期的後花園。

野孩子當然好動，喜歡往人潮聚集的地方跑。附近明德市場太小，國泰市場太常遇到師長，我們總喜歡往九如四路旁的內惟市場跑。那時鎮安宮剛蓋起來，門面十足恢弘；光鮮亮潔的店攤一格格往肚腹裡擺，漸漸往日昌路兩旁滿溢出來。每日黃昏一到，陰陽交替的魔幻時刻，彷彿誰下了詔令，人們紛紛從鼓山、左營、三民等地麕集而至，摩托車、腳踏車、菜籃車一列排開，大人小孩蜂擁而入，各色小吃應有盡有，熱鬧程度彷如嘉年華會一般。

但小孩子不管這些，我們一逕往阿財的店跑。阿財是這場嘉年華會的魔術師，經常被小孩們團團纏住。別看他身材五短，外加赤腳禿頭，隨便往店裡一掏，陀螺、尪仔標、氣球、戳戳樂、水槍、彩虹泡泡水……紛紛出籠，他的玩具店就如同魔術師的黑色禮帽，一抓就是一朵玫瑰一隻展翅的白鴿，把我們逗得驚呼連連。我特別喜歡在阿財的玩具店裡流連，用好不容易攢足的零用錢，去換取一次奢華的享受，或者單純只是看著，帶著一點羨艷的目光，去分享的別人的快樂。

再往市場裡走，燈光漸暗，感覺彷佛瞬間走入另一個魔幻劇場，身旁，滿滿都是繽紛的彩色泡泡。這裡沒有踩高蹺、跳火圈的高人，也沒有大象、馴獸師或小丑吸引人們的目光，這裡有的只是曲曲折折、窄

作家檔案◆李志薔

高雄人，高雄中學、台大機械所畢業，以拍片、寫作為職志。著有高雄地域書寫之散文集《甬道》、《雨天晴》、小說《台北客》等。另有劇情長片《單車上路》、《秋宜的婚事》、《十七號出入口》、《你現在在哪？》等。

小潮濕的通道，和密密挨擠、五顏六色的的攤販；但只要你仔細觀察，認真打探，你會發現每個攤商彷彿都是身懷絕技的高手，每個攤商都擁有魔法師一般擁有法術。

比如那角落裡削甘蔗的，穿一件汗衫和髒得像土灰西裝褲，但他的劍法卻俐落如武林高手一般。刷刷刷，沒三兩下，一根甘蔗像剝了皮的白蘿蔔，剁剁剁，轉瞬間，又成了整整齊齊的茭白筍。旁邊賣鳳梨的刀法也不遑都多讓，左手頂著帶冠綠鳳梨，右手使著短鈍刀，一削一旋，一削一旋，瞬間便成了黃澄澄的金太陽。我最愛站在賣甘蔗的旁邊欣賞他的劍法，每每總把他想像成隱身鄉野的俠客，在落英繽紛的花海裡舞劍，劍氣狂嘯的同時，那旋飛的汁液、蔗渣濺得我滿身滿臉，彷彿我也吸吮了甜液一般，全身漲滿了幸福。

除了充滿幸福的彩色泡泡，市集裡，當然也四處潛伏著驚悚的奇觀。比如那肉攤殺豬的「豬肉義」。赤條條的上身積滿了肥油，昏暗的燈光下，他淌滿汗的臉也紅得像攤上的豬肉一般。每當可客人下了訂，「豬肉義」舉起屠刀猛剁，身上的肥肉也全跟著跳起森巴舞，那血紅的檳榔嘴朝我們一笑，嚇得小孩們驚叫連連。還有那永遠滴著水的鮮魚攤，靜態海洋世界一樣的水族箱，蟹、蚌、蝦、蚵、蛤、小管等各種生猛海鮮，像哪個星球來的外星生物讓人又愛又懼。好奇的孩子最喜歡玩機智問答大考驗，那個是加蚋、這尾是赤鯮，還有黑鯧白鯧午仔魚豆仔魚，用一個嘲弄的語氣戲謔老闆的口音，直到刮魚鱗的老闆娘真的發了火，拿起於刀作勢要追殺……

追殺當然是唬的，我們趁勢逃往日昌路的「爆米香」避難，順便等待一齣免費的野台戲。戲台上，魔術師道具準備好了，旋轉爐嘩啦嘩啦添入穀粒，爐下炭火嗶嗶剝剝，幾番炫技騰撥之後，忽然吆喝一聲：「要爆了！」隨著天旋地轉一聲巨響，煙霧煞起，像忍者使出了幻術，舞台上遂翩然走出了大明星，引來孩子們一陣歡呼喝采。原本不甚起眼的穀粒，全成了圓潤飽滿的米花，米花乒乒乓乓倒入方槽裡，魔術師再捻來神奇的糖漿，一攪一拌，彷彿

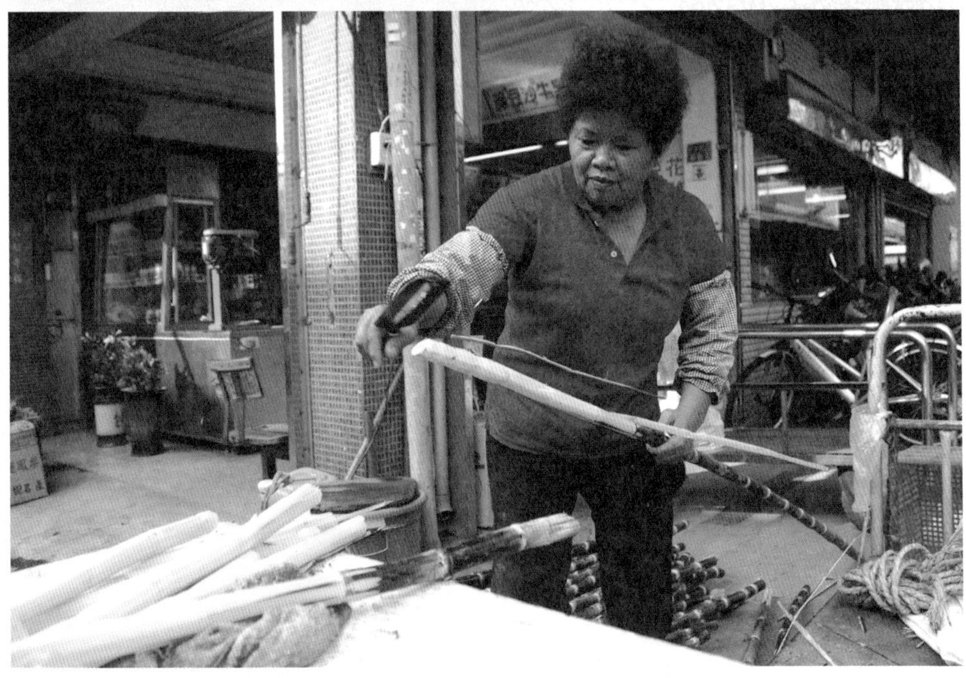

上圖：內惟市場。
下圖：角落裡削甘蔗的邱阿姨，她的劍法卻俐落如武林高手一般。

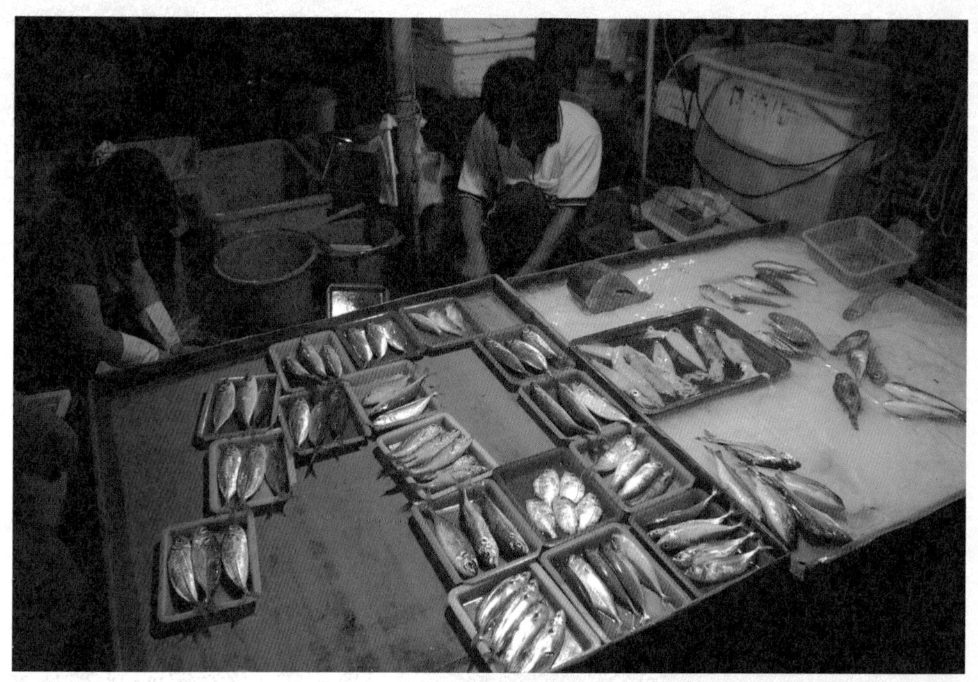

上圖：永遠滴著水的鮮魚攤，如靜態海洋世界一樣的水族箱。
下圖：鳳梨攤子上的短鈍刀。

中了什麼咒語，轉瞬間，那散亂的珍珠又成了方正脆硬的「米香」。我常常被這陣戲法弄得神魂顛倒，以至流連忘返久久不願離去；直到腦神經又不經意被那「萊茵河女妖」的歌聲吸引……

是啊！若你仔細諦聽，那賣菜的老嫗叫賣的聲音尖銳而有節奏，「賣菜哦——應菜、高麗菜——番薯、番麥——」，像極了歌劇裡的女高音，把一頓晚餐的菜色唱得如此盪氣迴腸。還有那賣冰品的歐巴桑，歌仔戲看多似的，叫賣的音調竟也唱戲一樣的滄桑。若你仔細諦聽，也許會發現不只如此，整個內惟市場宛如一座華麗的展演場，南腔北調、各色絲弦齊奏，彷彿一場庶民的混聲大合唱，有時候就著彩天晚霞聽來，又彷如一部和諧的交響曲。經常，我們要玩到太陽失去了蹤影，肚裡的蟲子也咕嚕咕嚕唱起來的時候，才會心甘情願地結伴回家。

內惟市場賣幾十年鳳梨的洪老闆。

長大後，離開高雄多年，不曾踏入市場探險。有時候回來，應母親要求陪她買菜，才有機會再進內惟市場。

阿財的店沒了，「爆米香」再也沒有現場展演，削甘蔗的俠客也不知去向。市場裡的叫賣聲依舊，只是南腔北調荒蕪了，歌聲再也不那麼悅耳。一場嘉年華會瞬間成了尋常百姓的日常活動，我像失去閃電疤痕的哈利波特，再也無法擁有那神奇的魔法。也許每個人都一樣，離開了童年，眼裡，便再也看不到那奇幻的世界了。

但這樣也好，下個世代會有他們自己的市場和樂園。只是那魔術時光永遠縈繞在我記憶一角，並且在夢裡時時向我召喚。

內惟市場側邊門面十足恢弘的鎮安宮。

黑夜不懂白天的生命力
鑽石商圈旁的黃金早市（仁德早市）

郭漢辰

仁德菜市場前方就是大立精品百貨。（郭漢辰攝）

市區五福路與中華路形成的大圓環，周邊是大高雄的鑽石商圈，這裡不但有大立精品店等各家百貨，晚上還有形塑大高雄市都會形象著稱的「城市光廊」。

都會的耀眼如斯，但是在鑽石商圈旁的角落，卻有基層生命力蓬勃的仁德早市（也稱大立早市或仁德商圈），這裡清晨不到六點就有攤家開始做生意，吆喝聲如雷貫耳，市井小民最愛逛早市，選購最新鮮最實在的食材，此處還有知名的風目魚專賣店，讓運動完的人們大快朵頤。

於是，這裡形成一個極為特殊的現象，早上是普羅大衆的菜市場，晚上則成為五彩眩目的頂級鑽石商圈。白天黑夜進出的人潮，各自不同，井水不犯河水，而白天不懂夜裡商圈的繁華，白天早市的面容卻一樣精采萬分。

早市裡最多的是人情味

清晨五六點，天剛亮時，仁德早市裡的小巷子就人聲鼎沸，對於攤商及民衆來說，看到都是張張熟悉的老面孔，難怪很多人都說早市裡最多的是人情味。

目前的仁德早市（也稱仁德商圈），其實有兩個部份，一個部份就是五福路與中華路交叉口處形成的三角窗街面，這裡為鐵皮打造的菜市場，兩旁緊鄰著多家高檔餐廳百貨名店，如大立精品百貨、Friday's餐廳。仁德早市的另外一部份，就是菜市場後方的仁德街，大約數百公尺的小巷子，有許多小攤家，販賣各式各樣的食材以及日常生活用品。

在這裡做生意長達三十多年的老魚販林三榮就說，仁德早市的攤商最早在田徑場周邊，那裡當時還有個小魚塭，大家都圍在那裡做生意，直到這裡成為極為繁榮的商圈之後，大家才陸續搬來目前的菜市場。

六十四年次的林宇正則傳承父親林三榮的魚攤，三十多歲的他，從小就跟著父親來仁德早市擺攤做生意，如今接下父親的棒子，在這早市做生意。早市約清晨四、五點就開市，中午十二點多即結束。每天大

作家檔案・**郭漢辰**

郭漢辰，一九六五年生，國立成功大學台灣文學研究所碩士。作品豐富多樣，作品獲國內各項重要文學獎，目前為自由寫作者。擅長以飛揚想像力，在寫實世界中加入荒誕色彩，讓人在反覆咀嚼後，領悟出生命的深刻體認，並把文學創作當成人生信仰、最終依歸。

約有兩三百家的小攤小販在這裡集結，一大早就熱鬧囂騰。

但是到了中午十二點過後，這裡攤家一律關門，仁德街裡馬上恢復平靜。兩旁的鑽石商圈在下午順利登場，晚上五福路旁的城市光廊依然成為市中心最熱鬧的都會散步地段。

林宇正感嘆，隨著大高雄都會的發展，大型量販店不但一家家開設，附近也有剛開幕的傳統菜市場，挑戰他們的生意，仁德早市的人潮沒有以前那麼多。不過，早市做的都是老客人的生意，也是市中心人情味最濃郁的菜市場，很多老主顧最後還是會選擇來仁德早市逛逛。

入口即化的虱目魚湯——「ㄜ勒ㄛ」虱目魚專賣店

位於仁德街277號的「ㄜ勒ㄛ」虱目魚專賣店，是早市裡相當有名氣的早餐店。第二代負責人柯馨惠說，該店與早市開市以及結束的時間都一樣，都從清晨五六點開店，賣到中午關門。而該店最早也是父母在田徑場周邊開店，後來才搬來現址。許多原本在田徑場捧場的老客人，後來也都跟來早市這邊光顧。

柯馨惠說，由於早市靠田徑場很近，早上很多做完運動的老人家，都會來這裡吃一碗熱騰騰的虱目魚湯。為了讓老人家易消化，所做的虱目魚各式料理，都挑魚肉特別軟嫩的部份製作，讓老客人們都能入口即化。

虱目魚皮、虱目魚丸、虱目魚肚、虱目魚綜合湯，是客人們最常點的小吃，一碗都六十元，如果再搭配一碗香QQ的蕃薯飯，早上也算是精力充沛，可以工作一整早了。

那天來逛早市時，就曾親自品嘗了「ㄜ勒ㄛ」的虱目魚丸湯。店家說，所以取名為「ㄜ勒ㄛ」，是用台語發音，吃了會一直讚賞，還會想再吃一碗。我已經很久沒吃這麼好吃的虱目魚丸，不但有入口即化的魚漿，有時也會吃到幾口新鮮的魚肉，那

上圖：位於大立精品百貨旁的仁德早市。（郭漢辰攝）
下圖：仁德街上的攤販小街。（郭漢辰攝）

上圖：「ㄜ勒ㄜ」虱目魚專賣店。圖左為第二代負責人柯馨惠。（郭漢辰攝）
下圖：仁德早市上出現的傳統挽臉。（郭漢辰攝）

熱騰的湯也溫暖了我的胃。

白天黑夜不同風情

最早來高雄時，經常到愛河、「城市光廊」等流洩都會光之意象的景點走走，原以為這就是高雄市的全貌了。不知光影流動之外，仍有一番市井小民生活的真實景象。在哥哥的引領下，我白天來大立商圈走一遭，才知大樓林立的此處，白天藏著一座菜市場。

那些熟悉得不能再熟悉的攤商叫賣，一排排停在路旁的摩托車，數不清的媽媽們急著下車到菜市場買菜，見證了小老百姓的生活實境。但他們也不會羨慕周邊晚上會發亮的頂級商圈，不同生活圈只要能活得快樂，也不會在乎身在何處。

我終於了解到什麼是真正的大高雄了。同一個地方，白天黑夜不同風情，各自包容、各自成形，各自活出自己的樣貌。

這就是我摯愛的城市了……

「ㄜ勒ㄜ」的虱目魚丸入口即化。（郭漢辰攝）

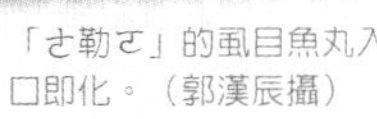

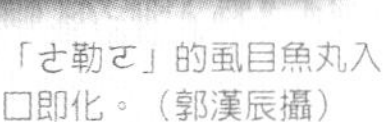

座標・仁德早市

◎地點：五福路中華路以及仁德街形成的菜市場及攤販小巷

◎典故：三十年前在田徑場周邊形成而後陸續遷移至此處。

◎特色：從清晨四、五點開市至中午。早市裡知名的「ㄜ勒ㄜ」虱目魚專賣店，入口即化的虱目魚湯。

仁德菜市場一景。（郭漢辰攝）

菜市場，
圖文記

雞屁股的回憶

莊子勳

「市場」與人類文明的發展是息息相關的，可說從人類有了以物易物，以及貝殼交易開始，就有了市場。

查了一下維基百科，在古代中國，市場叫做「墟」，不像現在的傳統市場或超級市場每天都會有，「墟」是每隔一段時間才有的，按照時計節令運行，這也許是因為古代交通不方便，人民平時又需要務農或從事生產，所以要隔一陣子才約好在一個方便的地方進行交易，而這個交易的場所，久而久之就形成每個城鎮最熱門的地點。

位於高雄市成功路的苓雅市場，是我小時候的一段美好回憶。

接著，大量的經濟活動就圍繞著這個市場開始，首先開張的一定是茶樓、酒館和小吃店，因為人們遠道而來，總會肚子餓，接下來，旅店、客棧也興起了，也許有很多商人是跋山涉水而來的（譬如絲路），沒有地方投宿，怎麼行？

接下來，宗教活動也圍繞著市場發達了，人們走過窮山惡水才能來到此處賺個辛苦錢，要有個地方拜拜才會心安吧？所以，縱觀全球各地，市場旁沒有多遠，多半有座寺廟、道觀、清真院、或教堂。

小時候我家附近的苓雅市場，就是很好的例子，在市場的正中央，就有一座道觀：鼓山亭，供奉的是保生大帝，每次開廟會，整個市場都會超級熱鬧，那時候去廟旁吃小吃，最能充分體會南台灣的熱情。

說到苓雅市場，那可是我小時候的重要回憶，市場在成功路口上有一家不知名的烤肉攤，是每次去必定會買上幾串的攤位，我最愛吃他們的烤雞屁股，鮮嫩多汁的股肉淋上香甜的烤肉醬，再灑上芝麻、椒

作家檔案◆莊子勳

三十歲，台灣高雄人，養過兔子、養過貓，但現在沒有養兔子也沒有養貓，喜歡電影、卡通、音樂，喜歡看漫畫、畫漫畫，游泳、看書，都是我的愛好。現在希望用漫畫來養活自己，哪一天自己餓不死了，養條狗，也不錯！我喜歡紅貴賓～

阿塔斯漫畫部落格
http://artarth.com/

路口的烤肉攤，總是在傍晚的時候出現，全年無休。

鹽、辣椒，真是人間美味，還有圓圓的烤甜不辣和方形烤米血、細長的烤雞脖子和烤雞翅，都是我很愛的美食，我最喜歡在週六的晚上去租一大疊錄影帶，然後再買上一大包烤肉，回去全家一起大快朵頤，這些都發生在民國九十三年的時候。

後來我家從苓雅區搬到三民區，之後又前往大陸發展，中間將近十五年很少去到苓雅市場了，今年我再去的時候，我已經從十二歲的小孩長成三十歲的大人了，而那個烤肉攤卻一點都沒有變，只是掌櫃的阿姨明顯變老許多，而她的女兒開始出來幫忙了，也許會繼承這家攤子吧，時隔多年，再咬下那串香甜的雞屁股，味道一樣的鮮美，一樣的甜，那時，心裡真是感慨萬千，這就是台灣老店的味道，無論時光飛逝，景物丕變，那熟悉的感覺，永遠會在我們的嘴裡、心裡、夢裡，一代一代的傳承下去。

再來說說搬到三民區以後的事，我們在那裡一直住到我高中畢業。

那時十八歲，是人生中最亮麗繽紛的時期，也是我最青澀，最唯美，最夢幻的一段記憶。

高中畢業後，我有一段在家工作的時光，因為學校推薦的關係，我得到一份畫漫畫的工作，那時，父母依然忙於在外工作，所以，年輕的我，就開始練習煮飯，給自己吃，也給協助我畫漫畫的同學吃。

當時，我經常光顧的就是位於鼎山街的天天新市場，以及大順路的大順黃昏市場，因為離家近。

雖然都是很單純的去買菜，不過十二年過去後再回想起來，其中的滋味，卻是酸甜苦辣五味雜陳，一想到那時去買菜的時光，會順便想起當年對夢想的渴望，對未來的嚮往，對自我的肯定與質疑，以及數不清的焦慮與煩惱，還有初戀那純純的心情，有一次，我一大早把昨晚從黃昏市場買的菜從冰箱拿出來，做了一份蔬菜三明治，想偷偷趕在女朋友做上校車前送給她當早餐吃，給她一個驚喜，沒想到她卻沒有出現，三明治也被水氣融化，變的糊糊爛爛的了，我只好自己帶回家吃，真的好失望，過沒多久，這段戀情也毫無預警的終結了，成為我此生永遠揮之不去的記憶，這一切，全部濃縮在當年一次又一次的騎著單車，獨自穿梭在市場裡的大街小巷，那孤單的身影裡。

大腦的記憶，是會隨著時光飛逝而越陳越香的，並且還會隨著人生不同的階段，也會有不同的感受，即使是在天天新和大順這兩座毫不奇特的市場，在奇特的人生階段裡，也會有許多奇特的體驗。

當時會自己買菜做飯，還有一個特殊的原因，小時候我很胖，最胖曾達到113公斤，青春期開始愛耍帥後，就很熱衷於減肥，自己設計食譜，自己做菜，自己調整熱量，後來多次減肥成功，又多次減肥失敗，直到現在，還一直和自己的體重苦戰著，不知何日方休？

在我自己學煮飯的過程中，也鬧了一些笑話，還記得二十歲生日時，我想自己烤個蛋糕慶祝，但一是不知如何打蛋，二是家裡沒有夠大的烤箱，網路上隨便找的食譜再加上亂搞，後果就是……我把蛋糕烤成了「發粿」……所以，我的二十歲生日是吃發粿過的，這我也一輩子忘不了。

我愛台灣，我愛高雄，我愛這種永恆的鄉土人情，也許讀者們會覺得用雞屁股來形容回憶，會很搞笑，不過，這就是我的真實人生，是永遠不再會有的少年時光。

一隻雞屁股，回憶在心頭，我希望我們高雄的市場和小吃都能永久的傳承下去，一定會的。

市場中間的肉圓，以及嘉義火鷄肉飯，都是經典的美食。
老店
火鷄肉飯
肉圓
肉圓
切仔料·面·米粉

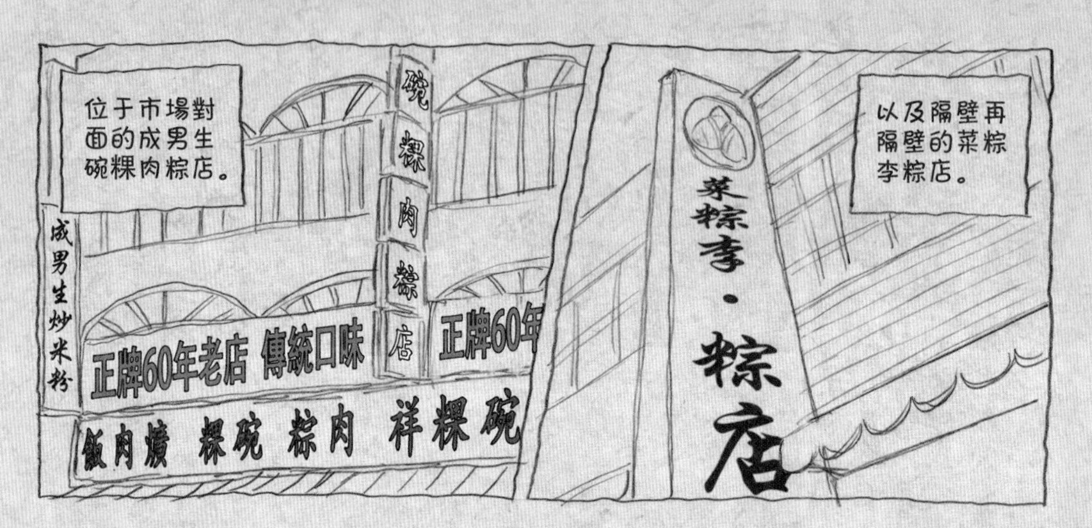
位于市場對面的成男生碗粿肉粽店。
碗粿肉粽店
成男生炒米粉
正牌60年老店 傳統口味
正牌60年
飯肉爌 粿碗 粽肉 祥粿碗
以及隔壁再隔壁的菜粽李粽店。
菜粽李・粽店

肉粽菜粽和碗粿都是臺灣馳名天下的美食。

而高雄最好吃的肉粽菜粽和碗粿，絕對就在這裡啦！

苓雅市場，是高雄小吃的精華，我始終對這一點深信不疑。
肉圓
完

我和我家附近的菜市場 ◎莊子勳

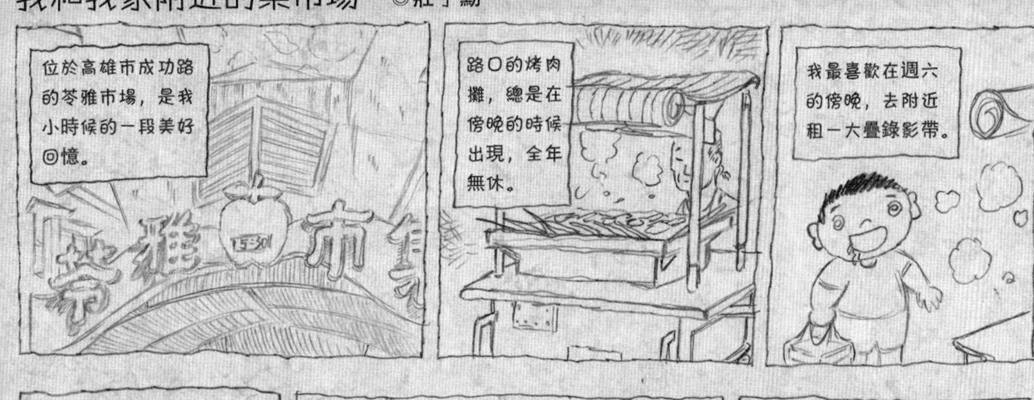
位於高雄市成功路的苓雅市場，是我小時候的一段美好回憶。
路口的烤肉攤，總是在傍晚的時候出現，全年無休。
我最喜歡在週六的傍晚，去附近租一大疊錄影帶。

然后再去買一包烤肉串，回去全家一起大快朵頤。

烤肉攤旁的水果店，也是我每天放學后經常光顧的地方。
水果冰 40
綠豆牛奶冰 40
紅豆牛奶冰 40
雞蛋牛奶冰 30
健康果汁 60

夏天的時候來上一大盤冰西瓜，絕對痛快！

市場中間的肉圓，以及嘉義火雞肉飯，都是經典的美食。
老店 火雞肉飯
肉圓
切仔料・面・米粉・板
肉圓

位于自强路口的南豐魯肉飯，更是時常令我垂涎欲滴。
南豐魯肉
便當
休假 月 日
豐
豐
魯肉飯

香噴噴的魯肉，那入口即化的口感，不管過了多少年都不會忘記。
白糖粿 13元
尚青・強力推薦
素食
吃完魯肉飯，再到對面排隊買一份白糖粿，那就太滿足啦。
還有兩家絕不能放過的老店！

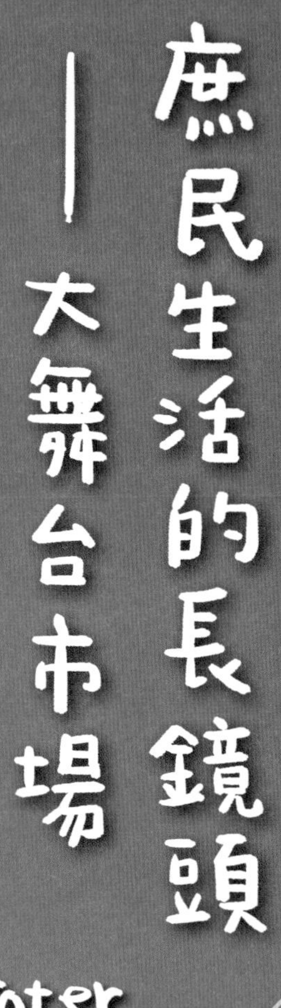

庶民生活的長鏡頭——大舞台市場

Croter

大舞台大戲院的山牆（Croter攝）

賣漁貨的攤位把一尾約一公尺半的過魚放在攤位上當作今日招牌。（Croter攝）

記得初次來到這個位於建國四路跟大仁路口的集合市場，是幾年前某次跟隨還沒變成妻子的女友返鄉時候，當初還沒變成岳父的女友爸爸，忽然叫我跟他一塊去市場採買。我怯生生的坐上機車後座，來到他口中的『防空河市仔』。

我其實一開始沒有聽懂『防空河』是甚麼，只聽懂『市仔』，不一會兒，就看到路邊的買菜人潮，進入眼簾的是一棟說不出甚麼風格的特殊舊建築，四周都是攤販。我們在一個連續帆布棚架搭建的攤販市集裡遊走，不一會功夫雙手就提滿要帶回家的菜餚或生鮮。

之後我移居高雄，常常隨著妻子在鹽埕區中尋找她小時回憶中小吃滋味，也偶爾會來到『防空河市仔』買一些生鮮或熟食回家。因為工作關係在翻閱一些鹽埕區資料時才發現，當初看到的特殊舊建築是『大舞台戲院』。

原來大舞台戲院是民國三十六年建造，正面上方有築一山牆，牆上有花紋圖案，中央有個「大」字，風格頗為特殊。文獻資料中提到，大舞台戲院在日據時代是製冰工廠，在二次大戰中被美軍炸毀。光復後重建，變成專門搬演歌仔戲的戲院，後來又改成放映洋片的電影院，在民國五十年期間還曾經是台灣風光一時的戲院，七零年代也隨著鹽埕區的落沒，大舞台戲院終在民國八十八年停止營業。

岳父口中的大仁路「防空河市仔」就是現在人稱「大舞台市場」；而台語的「防空河」就是指日據時代居民自己挖的「防空壕」。光復後填平成為馬路。攤販市集原本聚集在現在靠近七賢三路一帶，後來陸續蓋起大樓，便轉移到大仁路現在這個地點。

『大舞台市場』算是個早市，大約五點多攤販就開始聚集，開始忙碌的一天，買菜的人潮也隨著太陽上升跟著增加。我偶爾會一早跑來鹽埕區這邊街道亂轉，拍一些舊街區的快照。我跟著買菜的婆婆媽媽在市場裡走來走去，攤販們從四面八方的巷道推著新鮮的雞鴨豬漁貨、青菜水果，進

作家檔案◆Croter

Croter，洪添賢，一九七八年生，故鄉雲林，在台北長大。為了生活與創作的平衡，從台北移居高雄。現為插畫家與自由設計師。

到他們的攤位，開始擺設。豬肉、雞肉攤老闆拿著菜刀，高舉落下發出咚咚咚聲音，流利的就把雞豬切分成幾個部位，整齊的放在攤位前；賣漁貨的攤位把一尾約一公尺半的過魚放在攤位上當作今日招牌，正刷刷打著一些小魚的魚鱗或是敲著碎冰備用；買菜的阿桑端著市場邊買來的湯麵坐在攤子裡津津有味的吃了起來；炸排骨、燒雞、滷味的熟食攤位，也搬來瓦斯爐，點火起鍋開始料理。

市場旁總有幾攤賣著早餐的小店，賣的也不是漢堡、三明治西式早餐，都是一些傳統小吃，例如米粉湯、羹麵、虱目魚湯、清粥自助餐等等，讓早市的攤販們跟一早就來買菜的人們可以把肚子填飽才有力氣做粗重的工作。我總是在逛完早市之後，選一家市場邊的早餐店當作清晨探險的結束，有時候是市場中間供奉保生大帝的「威靈宮」旁巷子裡的素麵或清粥；或是市場末端的北港肉羹麵。但我最喜歡是大舞台戲院旁小麵店的小卷米粉，粗條的米粉，加上新鮮現燙的小卷，清湯裡滿滿是海的鮮味，打開沉睡的味蕾。吃下一碗，都覺得一整天都好像充飽電一樣。

而『大舞台市場』在過中午之後就會收攤，我常常猜不透收攤時間（其實市場早上搭棚時間我也猜不透），好像一下子攤位都收光，搭建的帆布跟棚架也都撤下，露出馬路。所以要是下午經過這裡，就像甚麼都沒發生過，只有幾個老人在廟旁聊天，早上的人聲鼎沸的市場變成安靜的街道。我常常在想，如果有人用長時間攝影來記錄從大舞台戲院到市場這個方向的鏡頭的話，應該會得到一段代表這裡居民的一天生活的快速影片，我想那也是真正庶民生活的縮影。

下次你有機會早晨經過這裡，都可以來逛逛市場，也來看一下一座老戲院跟一個正在Rolling的生活場景，順便吃碗小卷米粉當作一天的開始。

後記：大舞台戲院在二〇一〇年十月十一日，正面山牆遭業主拆除，高雄市政府文化局於十二日將大舞台戲院列為暫定古蹟。

粗條的米粉，加上新鮮現燙的小卷，清湯裡滿滿是海的鮮味。（Croter攝）

上圖：大舞台大戲院。（Croter攝）
下圖：帆布雨棚架搭蓋起的大舞台市場。（Croter攝）

大舞台
大舞台
大舞台大
專映洋片／杜比

菜市場

王偉

早晨，清晰的空氣中遺留著夜晚的寧靜，我喜歡這時刻。

小時候，母親時常帶著我一起去菜市場採買，沿路街道上的車輛還不多，小狗還悠閒的慢慢散步。而，菜市場卻人聲鼎沸，攤販老闆大聲吆喝、婆婆媽媽低頭挑選，熱鬧的場面活像是早晨的派對，這真是個奇妙的地方，大清早居然有這麼多人聚集在此。

尤其是，菜市場凹陷的路面，總是聚成一個一個的小水窪反射著人們的身影，趁著母親仔細採買時，我總是會這樣看著那些倒影，迷你的小電影卻鮮明了生活。我牽著母親的手，踏入了菜市場內彎曲的岔路，這裡除了販售新鮮的蔬果、肉類、海鮮，還有各種生活必需品，好像走一趟菜市場就能買足家中需要的東西。

更何況，熱情的攤販們就敲著手邊能發出聲響的鍋蓋，不時叫喊著：「來呦～來呦～」，一旦有顧客好奇靠近，攤販老闆就會露出大大的笑容為你介紹。在這裡，人和人的距離好近，空氣悶熱的讓體溫不斷上升，連心也感到溫暖起來。

這裡，擁有我一部份的童年回憶，色彩鮮豔的蔬果、鮮紅柔嫩的肉塊，在母親緊握的手裡，我踏入了菜市場這個奇幻世界。當太陽完全照耀在人群烏黑頭頂上，菜市場成了百花綻放的花園，每樣東西彷若從太陽身上得到了生命力，眼前所見的都瞬間鮮活起來。

這裡，是位於高雄市左營的「果貿菜市場」，本省人和外省人共同生活的一塊綠洲。如果說，鵝肝醬是法國最具代表性的三大美食之一，那果貿菜市場的「阿婆雞肉飯」絕對是榮登懷舊美食的第一名寶座。

有別於一般的白米飯，阿婆雞肉飯採用的是精選圓糯米加上剝絲雞肉，配上第一代創始人阿婆特製的酸菜，一碗道地的阿婆雞肉飯就上桌囉！我仍記得，母親第一次

作家檔案◆王偉

插畫風格是以帶點黑暗的可愛甜美為主，在我的插畫中常會出現大眼女孩，我透過她們的眼睛去觀察這世界，以灰暗的顏色代表我所觀察的世界，因為總是在寧靜的夜晚沉澱後，才會發現白晝光明的美好，所以不管世界多麼灰暗、多麼詭異，一定有許多可愛的人、可愛的事物圍繞在我們身邊，聆聽周圍的聲音，並珍惜我們身邊所擁有的。

310-7106

帶我來吃雞肉飯時，告訴我這雞肉飯一定要淋上甜辣醬後充分攪拌，才能真正品嚐出它的美味。

印象中，好奇的我吃下了第一口，慢慢的在嘴中咀嚼米飯、雞肉絲、酸菜、甜辣醬的味道，明明只是四樣平凡的食物，這樣組合在一起卻出乎意料的好吃，拌勻後的甜辣醬把Q軟的圓糯米和雞肉絲、酸菜都融合在一起，就這樣讓你咬下的每一口都能嚐到那絕妙好滋味。成年後，我也曾吃過很多知名的雞肉飯，確實都如傳聞中那樣美味，但總是無法超越阿婆雞肉飯在我心中的地位。

我想，除了阿婆雞肉飯獨特的美味外，這碗雞肉飯之所以在我心中屹立不搖，應該是它參予了我許多成長的回憶，從國小、國中、高中、大學，每一個階段我都曾帶著不同的心情來品嚐它，不論當下的心情多麼浮躁不安，我總是能在吃完雞肉飯後得到最單純的快樂，即使是現在我敘述著，我也能感覺到口水不受控制的要滴下來了。

果貿菜市場令人回味的美食真的不少，相信對於居住在果貿的人們來說，一定會和我一樣不得不推薦起「寬來順早餐店」，這間早餐店可說是左營眷村的經典代表。在機器取代人力的這個年代，你能想像菜單上的品項通通都是純手工製作的嗎？從燒餅油條、黑糖饅頭、豆沙包、蛋餅到鹹豆漿加蛋，每一樣都是由各自負責的人員在現場製作完成，純手工的溫暖加上樸實的美味，讓這間寬來順早餐店總是擠滿了排隊的人潮。如果不避開上班上課的尖峰時段，就真的得乖乖等待美味囉！

我個人最喜歡他們的紅茶豆漿和鮮肉包，掌心大小的鮮肉包一顆八元，價格很實在。咬下的第一口很重要，因為扎實細薄的外皮內含的是新鮮彈牙的肉餡，尤其是那鮮美的肉汁千萬不能浪費。我有朋友曾為了要好好品嚐這鮮肉包，一口就把鮮肉包塞進嘴裡，鼓鼓的臉頰配上他忘我陶醉的神情，瞬間讓我們直呼他簡直是寬來順肉包的最佳代言人了。更重要的是，吃鮮肉包一定要沾寬來順特調的蔥辣醬油，保證美味加分令你回味無窮啊！

Q軟的圓糯米加上剝絲雞肉配上特製的酸菜，一碗道地的阿婆雞肉飯就上桌囉！（王偉攝）

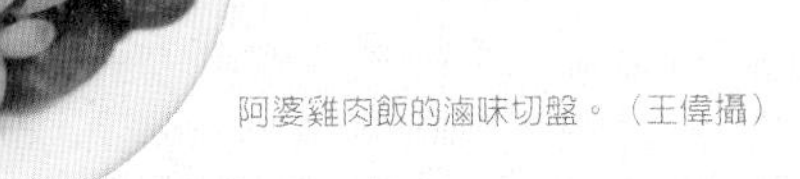

阿婆雞肉飯的滷味切盤。（王偉攝）

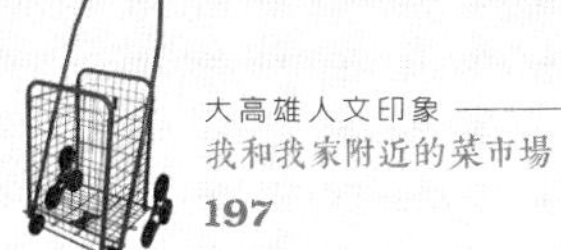

搭配上清爽的紅茶豆漿，就是美好早晨的開始啦！雖然，紅茶和豆漿感覺起來似乎會讓人產生疑問，不過只要喝過的人都會因此愛上它，想像一下當濃厚的豆漿加入了紅茶，喝起來會變得順口清爽不會過於甜膩，還帶點古早味的口感，就是會令人再三回味。

偶爾比較晚起的人，通常都是早午餐當一餐一起吃。這間位於果貿外側的「吳媽媽米粉羹」就很適合剛起床入口，因為它的湯頭甘甜不油膩，除了份量充足的米粉外，還加了滿滿的豆芽菜以及新鮮的里肌肉羹，營養滿分還兼顧荷包一碗只要35元，整個就是俗又大碗。

我相信，每個人都有對自己家鄉菜市場獨特的回憶，不論是單純對美食的懷念、童年發生的糗事，菜市場連結了人類的情感交流，不單單只是買賣交易而已。我們會分享生活、關心彼此，會在等待的空檔和攤販建立起友誼。如果你仔細尋覓，那攤販底下還有等著收攤的小狗、小貓，攤販身上還有一個又一個會令你驚奇的故事，這是一個濃縮版的小世界。

菜市場的美食，究竟為何美味？或只是因熟悉的味道喚醒了腦海的回憶。最初的感動、最直接的交流、最平價的美食，就是菜市場給予我們的。我愛菜市場，那你呢？

果貿社區裡早餐店的黑糖饅頭。

上圖：早餐店內的油條架。
下圖：來來早餐的各式燒餅。

我和我家附近的菜市場

黃基財
柳依蘭

天猶全黑，凌晨四點，那鬧鐘的鈴聲，猶如緊急集合的哨音，準時而尖銳，三十幾年來，我從不曾習慣，我想，以後也還是不能習慣吧！直到現在，最大的快樂，竟是每個月一天的休假，可以悠閒的在用早餐時，看到早晨剛睡醒的太陽。

關於我和我家附近的菜市場，其實說來，和其他各地傳統市場裡一般無貳，諸如錙銖必較、尖酸刻薄，偶或可聞間歇傳來，問候家中長輩俚語的叫罵聲，溫情關懷彼此的一些鎖事是否安好等等。

我所工作的市場，就位於高雄孔廟的旁邊，所謂君子遠庖廚，可先聖並不反對近市場。雖孟母曾因其而三遷，但細究其因，我們可以大膽假設、合理懷疑，並且在無法求證的情形下，認為、也許、大概是房租高漲？或生活機能不便？不得不如此，對吧？

想來現代孟母三遷之後，亦大概會選我家附近落腳吧！一來生活機能齊全，三鐵共構，步行路程不到十分鐘，近學校，兼且就位於高雄赫赫有名的蓮池潭畔，頂頂最重要的是，無論房租或房價，祇要稍加留心，仍有許多超便宜的房屋。

要談到特色，譬如說我攤位的右手邊，賣豬內臟的大哥，休閒時便是一位高爾夫球教練。看他砍斫豬大骨時，用勁的柔軟與巧妙，簡直一如不出世的武功高手。下刀時，握豬大骨的左手沉穩而著力平均，右手起落兩次，快、狠、準，卻遊刃有餘、不疾不徐，看似無力，實則腿骨已均勻的剁為四塊。這種巧勁，用於高爾夫球上，真該他是個教練級的。

賣豬內臟大哥攤位的斜對面，另有一攤賣香菇、貢丸、火鍋料的阿源弟弟，這個就更厲害了，前幾年因為愛犬美容比賽而得名，這以後更專職於愛犬美容，攤位交給了他的母親，他自己倒也爭氣，屢於比賽中得獎，已身在其中謀生多年。前些日子，獲聘為某大學的愛犬美容講師，自己終究擁有自己的一片天。

誠然，我們也都知道每個市場裡，總有許多不平凡的人與不平凡的事，所謂大隱隱於市者，升斗小民如我們者，真是能有最大的感受的。

阿源弟弟的火鍋料攤。

近幾年來偶爾會從報章雜誌中提到的柳依蘭，她的攤位就在我們市場裡，真的好高興，她就是我太太。結婚二十幾年來，我們也曾一起培養一些興趣，執著於一些夢想的完成，從事油畫創作後，我更從中看到了女性的某些完美，其實是要更凌駕於男性之上的。

有時我會這樣想，關於她的故事，以後應該會有人提及市場的這一段人生過程，種種經歷，是她以女性的執著，一筆一畫的從生命的歷程中淬鍊出來的。生命中的付出，有時不一定會得到同等的回報，但是，堅持一個夢想的完成，除了自己的努力，還要有許多他人的助力。關於這點，我想，柳依蘭是個幸福的人。所以，以下的這一首詩，純粹是一個仰慕者的心聲，無關其他。

作家檔案◆黃基財

曾就讀屏山國小至左營國中到大榮高工畢為止。歷經兩位蔣總統到李登輝總統的領導後，覺得此生再也不可能成為總統而心甘情願的在父親的英明領導下，成為一個薪水階級羨慕的市場小販。然後，又無比幸福的守著一個自小便青梅竹馬的太太，從此過著一個所有童話故事結束以後，平淡無奇的續集。出版畫冊《鏡花逐夢》。

攤位上販售的各式筍乾。

應該仗劍，或以筆
以曾經已過的滄桑
行走江湖
傲然的自信，隱隱已現
彷如驚雷前的幕天
彈指間的轉折
江湖，已是百年後的江湖

折一頁史書，不以己名為扉頁
奮力一擊的溫柔最是動容
成不成也盡全力
光影晃然交錯
留？
不留？
終是遺憾

既然題目是我和我家附近的菜市場，那就稍稍來談談我，關於我，閒暇時偶爾讀些閒散小說，我爸爸說的「沒路用」的閒仔冊，譬如左右從「中國的張愛玲」到「日本的夏目漱石」，上下自「山海經」到「紅樓夢」，亦略有展讀，至於唐詩、宋詞，則時不時的隨意翻閱，總只是為了消遺而已。真有時候寫點甚麼，也大概可以說是不怕人笑，不怕自己笑。

各位看到這篇文章的讀者，如果剛好路過高雄孔廟旁的這個市場，亂雖亂矣，當然還有一點點的髒，但是與各位住家附近的市場一般，仍還有著傳統市場的人情味。那麼，請告訴我，來到我的攤位購買時，折扣是一定要的，興許有空時咱們談談文藝事，還得送點酸菜給您呢！

畫家檔案◆柳依蘭

在高雄土生土長，由於童年父母即離異，父親又體弱多病，柳依蘭國中輟學在家協助照料，父親病逝後，獨力完成國中學業。

婚後柳依蘭隨夫家在高市左營哈囉市場從事筍乾批發買賣，由於不甘心一輩子就在菜市場度過，十幾年前柳依蘭受到蔣勳的啓發，自學油畫藝術，為自己的靈魂尋找出口。

柳依蘭的畫作以「人物」為主要題材，且以她個人的自畫像居多，畫面表達的「濃烈感」令人印象深刻，在二〇〇七年「高雄獎」中異軍突起，獲得「觀察員特別獎」，引起藝壇矚目。

依蘭
2011

00
45
0
7 8 9
4 5 6
1 2 3
0 . .

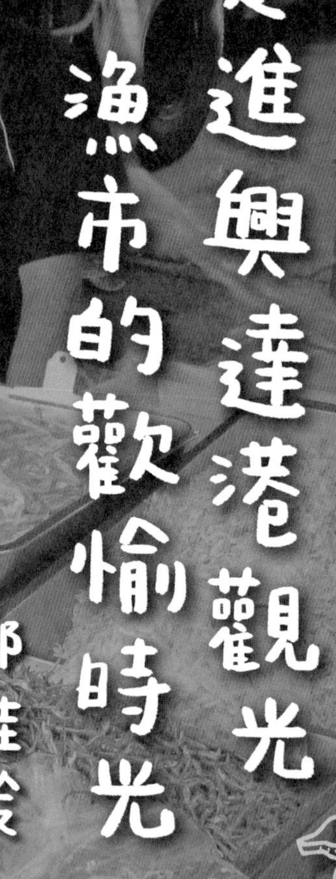

走進興達港觀光漁市的歡愉時光

郭桂玲

笑意滿盈的魚乾攤老闆。（郭桂玲攝）

烏魚子攤也是這裡的經典風景。（郭桂玲攝）

距離我家不遠，驅車只要十來分鐘，就在茄萣鄉興達港邊的黃昏觀光漁市，是我很喜歡逛遊的所在。對的，我以「逛遊」這稱呼來訴以每次到此的心情，不只是採買而已，可以東走西看的悠遊感一直是這裡盪在空氣裡的隱形基調。

從台17行來，藍色的大海是公路畔美麗的伴陪風景，只要看到興達港邊火力發電廠紅白相間的兩隻大煙囪越來越近，就知道觀光漁市快到了。早年這裡因為出海捕魚的漁船下午回港後，要在此地卸貨處理，很多新鮮魚貨一上岸，就受到人們的青睞，就以一簍簍同質性的魚放一起拍賣喊價的方式進行販售。因為價格比一般市場便宜、又新鮮，遂獲得許多喜愛新鮮海味的商家和民眾的喜愛，都會特別來此地採買，所以從原本攤家不多且專門販售生鮮海產魚貨逐漸發展成亦有熟食、小吃、飲料冰品、玩具玩藝的多元化攤家聚集之地。每到下午三、四點攤家開始擺攤營業，到了傍晚天黑後才收攤，所以稱為黃昏漁市。

近年來攤家的增多與採購人潮的倍增，不只高雄、台南附近的民眾會前來採買，也有遊覽車業者把此地當成一個景點，讓遊覽的民眾下來觀光兼採買，於是「興達黃昏觀光漁市」的名氣也就成形，比起往昔市場小規模的態勢已不可同日而語。每到假日人潮洶湧，是這裡常見的景況，車位一位難求也是經常發生的事。

但不管人多人少，市集裡瀰漫的淡淡海風鹹味和海產的微微腥味就是很吸引我，只要走進這裡，心的跳動音節就染上了歡愉的韻律，跟隨著前行的腳步增添著。

作家檔案◆郭桂玲

台灣台南市人，台北藝術大學美術系畢，目前從事兒童美術教學工作並持續進行各類藝文創作。曾出版小說及兒童繪本數本，希望能一直創作下去。

我最喜歡看一攤攤黑色魚籃裡，銀白色的各式魚隻，不是很確切知道它們的名，但明透的眼、有水潤感的銀亮鱗身就是非常好看。我也喜歡看像鮪魚、旗魚、土魠魚之類的大型魚類剖切後擺在攤上的排列風景，因為這是一般的菜市場很少看到的畫面。還有一片片的烏魚子整齊排列在攤桌上，有金黃有暗土色、有大有小的組構，也是漁市裡的經典畫面。

這裡也是認識各種蟹類的好場所，像花蟹、三目公仔（台語）、紅蟳、石蟹……我都是在這裡認識的。不同的季節蟹的美味也有所差異，我喜歡站在攤子前聽老闆的吆喝和介紹，看買家挑蟹的專注神情。記得剛開始買蟹時因為很信任老闆，常全權授以挑選的權限，結果還是買到幾次不太新鮮、似乎是死蟹的難吃螃蟹，於是更常請教賣家，抱以貨比三家的心態且不以價格的便宜為定奪，也回去跟母親討教。經驗多了後，也比較知道怎麼分辨蟹的良劣了。

巡走在秋天的興達港漁市，腦海中關於秋蟹芳甜的美味總是勾拉著心魂，讓腳步越走越緩吶！

除了採買新鮮的海產，在這裡走逛的胃囊絕對是滿滿幸福感的。一路上要你試吃的吆喝聲此起彼落，插在牙籤上切小丁的試吃品不斷地在眼前揮舞，不管是花枝丸、旗魚丸、水煮花枝、生魚片、鯛魚皮、曼波魚皮、魷魚絲、醃漬蛤蠣、涼拌海菜……只要你喜歡通通都可以讓味蕾嚐鮮，讓腦筋在短暫的味道判定中做出是否購買的舉動。即便不買，商家也不會不悅，整條大街就像流動的海產盛宴，商家以小巧的試吃品行賄我們的味蕾，讓走逛的人們兩手上拎買了越來越多的海鮮，購物的歡愉和滿足也就悄然豐富起來。

不只採買，看也是一大新鮮事，我喜歡看剝蚵婦人的熟練快捷動作、切魚夫婦檔的俐落刀法、賣蛤蠣小男孩超熟齡的叫賣唸音，還有拍賣魚貨的老闆與圍觀的民眾間詼諧的言語互動，空氣裡到處川流著奇趣的氛圍。

這裡是認識各類蟹類的好地方。（郭桂玲攝）

Sally

不只購買要回去烹煮的海鮮，在這裡邊走邊吃就是一件超級享受的事。其實每到這個午後時分，肚子早就餓了，走逛間吃吃花枝串、小鳥蛋、旗魚黑輪……來上一杯新鮮的小麥草汁或金桔檸檬，真的很享受。

尤其到這裡絕不要錯過現炸的海味攤子，看斜擺在桌子上琳瑯滿目的各式炸物，有牡蠣、花枝腳、丁香魚、柳葉魚、螃蟹腳、花枝圈、海鮮塊……多不勝數，那種齊聚在一起的豐美狀態，就是令人垂涎的勾引力，所以攤子前老是有滿滿的人，就連外國人也都很喜歡。只要選擇自己想吃的品項和購買的金額，老闆就會當場稱起斤兩，常常還會贈送一兩樣其他你沒買的品項讓你嚐鮮，再交給後方烹炸的工作人員，原本半熟的炸物在油鍋的熱燙後加上九層塔的提味很快的就香氣四溢。吃著熱騰騰的酥香炸鮮蚵、飽滿魚蛋的柳葉魚，再配上冰冰涼涼的茶飲，幾乎是每次逛遊興達港必做的儀式，經由這樣採買、吃食的儀式，幸福感就滿滿豐盈起來。

除了海鮮之外，這裡也有許多小吃攤家，不管是要吃蚵仔煎、虱目魚羹、魚丸湯通通都有，小鳥蛋、山藥餅、蠶豆酥、地瓜球、冰淇淋……通通都有，非常多元，不管是大人、小孩在此地都可以找到滿足與歡愉的所愛。

逛累了，我還喜歡到街尾靠近漁港通往出海口的航道邊，喝杯露天咖啡，在這裡海風清涼、夕陽美麗，還不時可看到船隻出港的畫面，這種休閒情調也是假日裡放鬆身心的最佳方式呢。

豐富的興達觀光魚市，每隔一陣子來就會有不同的新奇發現，但不變的是，假日的人潮總是多矣。所以我最愛的時分也就是天快暗了，攤商把黃色燈火點亮的時刻。那時人潮少了，白日的躁氣在夜晚涼風的驅趕下逐漸撤退，走逛起來最舒服。

這個我愛的市場，推薦給大家。走進興達港觀光漁市，歡愉的感官體驗正在蔓延……。

琳瑯滿目的炸物叫人垂涎。（郭桂玲攝）

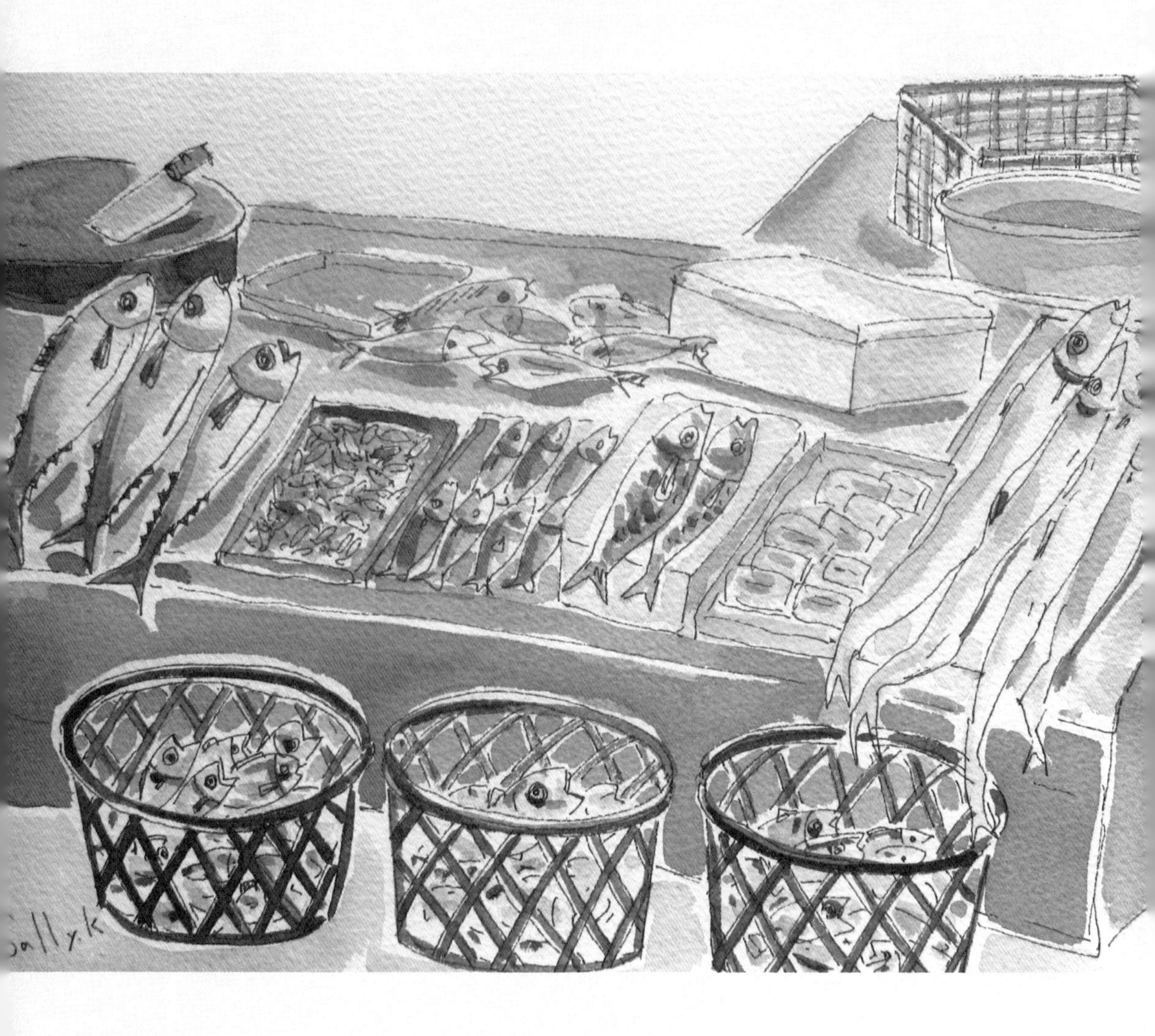
Sally.K

孕育童年的旗津氣息

鄭潔文

啟程——回憶裡的過港隧道

「三輪車跑得快，上面坐著老太太，要五毛給一塊，你說奇怪不奇怪」

每每哼唱起這首兒時童謠，回憶裡總是——夾帶淡淡海水味，使我遙想起兒時的旗津老街。

旗津孤島懸外是一個海外沙洲，要到達，不外乎兩種方式：由鼓山搭乘渡輪越過波光粼粼的海面，來到旗津渡輪場；或騎、搭乘路上交通工具，經漁港路，走新生路，穿越過港隧道通行。

重拾兒時記憶的絲線，那時生活周遭環境，並不如現在那般富裕、方便，卻擁抱和緩的時光步調。只要周末假日悄悄靠近，父親總是會騎著——排煙管噗噗叫的老野狼機車，帶著媽媽、哥哥和我，一家人經由過港隧道「四貼」到旗津老街。

思緒裡的過港隧道，就宛如現在——屏東海洋生物博物館裡的海底隧道，那樣深深吸著當時才十歲出頭的毛頭小孩。那時當然不懂隧道的浩大工程，小小的腦袋瓜裡只有「哇！」我們正騎著車，噗噗的由海中間穿越過去，酷！那，頭頂上是不是同樣會有很多漂亮的魚兒游來游去、互相嬉戲？同樣會有鯨魚、海豚、海龜還是熱帶魚嗎？就是這樣！我總是抱這興喜若狂的心「穿越海水」到達旗津中洲，投入鹹鹹的海洋氣息。

新、舊交織的旗津

抵達旗津中洲，要到達老街（廟前路），不需要翻閱地圖，只要順著旗津一路直走，就可以暢行無阻，聞名遐邇的——風車公園、高雄海洋探索館、貝殼館，自行車采風大道等。這是近年來，由高雄市政府努力加強海景沿岸景觀，所締造出來的成效，同時也為旗津注入新興的觀光元素。

作家檔案◆鄭潔文

一九八二年出生於高雄的圖鴉小孩，擅長粉彩、色鉛筆創作的童書插畫家。體會自然微小，卻強大生命力，再擠入腦袋裡名叫天馬行空的顏料，慢慢調和出的飽和色調，就是我的插繪創作。出版作品：《靈鳥米利》、《一碗幸福的湯》、《黑毛豬的愛心麵店》、《燭火小精靈》。

自創品牌：罐頭娃娃

http://tw.myblog.yahoo.com/daiski42000/

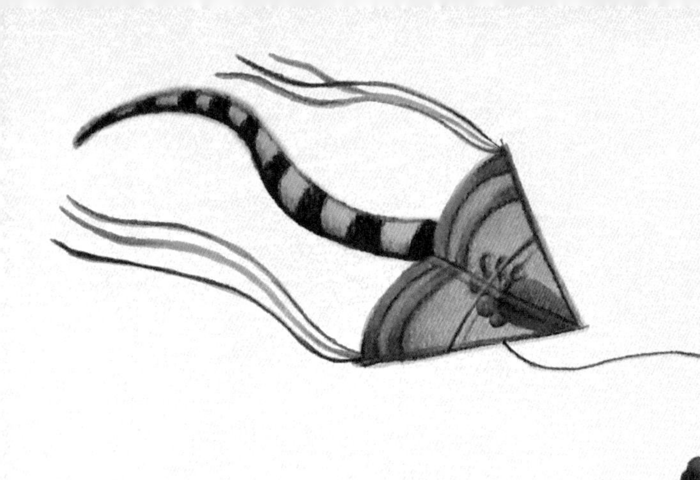

當然在一九九〇年左右，「乘坐野狼，穿越海底」來到旗津，是看不到這些景觀的，有的只是呼呼吹過耳際，回憶裡夾帶鹽結晶的風，及滿天飛舞、居高臨下的風箏，和三輪車伯伯們，揮灑汗水，賣力踩踏出生活的身影。他們一直是年幼的我，眼中聚精會神，凝望的焦點！

二〇一一年的現在，三輪車年代也隨著歲月的洪流慢慢消逝。取而代之的是承租自行車的商家。話雖如此，高雄市政府可沒忘了這難忘的「特產」，特別推廣了三輪車觀光。所以現在還是可以驚見，傳承了一代又一代的伯伯們，奮力踩著人力三輪車，提供遊客乘坐。以最貼近傳統的方式，讓遊客體驗旗津。那是一種世代的傳承，以堅持傳統的信念，把高雄文化特色繼續踩下去，也讓回憶的絲線綿綿不斷。

美味的老街

二〇一一年，再度穿越過港隧道，帶著悠閒自在的心情，來到旗津老街，被以熱情之姿，呼嘯旗津街頭的鹹濕海風擁抱，不自覺的放慢了車速，沿路滿天風箏一樣珍奇鬥艷。原以隱沒歲月的街頭小玩、傳統小吃又一幕幕回到眼皮子底下，我彷彿被絲線拉回到十幾歲的時光。緩慢步行，由街頭細賞到街尾，一家家品味、一家家賞析……

「一盤一百元，新鮮現撈的海鮮，一盤都一百元」

耳邊傳來一陣又一陣的招呼聲響，忍不住彎起了嘴角，南台灣商家的熱情，連旗津的大太陽也自嘆不如。多元豐富、活繃亂跳的海味，是旗津最大宗商，也是團體、一家人出遊，絕不能錯過的打牙祭聖品。

如果你是沿著記憶，一個人摸索而來，或者三兩好友前來踏踏青，吃不了那麼多的海鮮，也不用擔心。在這裡，有好多世代

座標◆旗津

旗津位於高雄港西側，為高雄最早的發祥地，包括旗后、中洲兩大部落。而記憶裡的美味老街就位於旗后廟前街。對外聯繫主要交通工具，為海線渡輪和往來過港隧道的車輛。

相傳的古早味美食，等你垂青！

一隻五十、兩隻五十、旗津的烤小捲和現炸海鮮，是分量足且新鮮的平民美食。攤位前，揮汗如雨的老闆在劈哩啪啦的炭火上，燒烤著香噴噴的小捲，他豪邁的塗上特製醬汁，不停地翻面，最後再灑上清香的白芝麻。嗅上一口，碳烤香氣在肺腑間衝撞，一口咬下，焦香味中帶點軟嫩，唇齒留香。

潮州麵店。麵食在烈日當中的時段，這似乎不怎麼吸引人，但在旗津老街裡，這兩個小小的店面，一到正午，人潮蜂擁而至，把店家門口推擠得水洩不通。傳統麵店裡一個煮麵食的師傅不夠，騎樓外也新增個熱騰騰的煮麵火爐。只為了讓千里迢迢而來的老饕客們，可以趕快品嘗到麵食的美味。

堅持手工製作的麵條QQ嫩嫩，加入三顆鮮嫩飽滿的鮮蝦餛飩，淋上撲鼻飄香的古早味肉燥，最後在灑上點蔥花，這碗美味的餛飩乾麵是店裡的招牌。一盤只要三十元的「切仔料」，更是讓你食指大動。

吃完了主食、也吃了新鮮海產，別忘了飲食要均衡，澱粉、肉類、水果樣樣都要均衡攝取。具有

獨特醬料的番茄切盤，是除了冰點和彈珠汽水外，更別具風味的消暑聖品。口味獨特，可是讓離鄉背井的遊子，深深懷念。

酒足飯飽後，在古色古香，深紅色的老街紅磚兩側，懷念小玩一字排開，看看你是要到：高雄第一座馬祖廟──天后宮進香，在許願池裡，丟個十元硬幣，乞求願望成真，還是去丟套圈圈、打玻璃彈珠、射水球、撈小金魚。一路玩下來，獎品價值或許不高，可能只是個酸酸甜甜的水果泡泡糖、一瓶運動飲、一顆足球巧克力，但由老闆手中接過來，還是會有考了一百分，被父母稱讚的心情，滿臉笑容。

如果這樣還不能讓你滿載而歸，想和你的家人、朋友，擁抱更實質的旗津回憶？也只要輕輕挽起袖子，嘗試來製做海洋貝殼精油蠟燭。琳瑯滿目的貝殼，任君挑選，再跟著老闆的教學步驟，DIY製作，相信你也可以把只屬於你的回憶，一起封含在香香甜甜的蠟燭裡。

回程──沉澱的金黃色畫布

旗津有狹長的海岸風情、有古老歷史蘊含、有古色古香童玩、有美味小吃和獨特風俗人文。兒時的我看旗津，單純是個有涼爽海水可以嬉玩、有透明玻璃珠可以打、有烤小捲可以吃的秘密基地；現在的我看旗津：是在傳統裡揉進現代都市化元素，卻彼此自然和諧的融合、尊重、共生成長的地方，可以嗅到現代化的便利和美學，卻也可以碰觸、嚐到傳統的美味和人情。

夕陽西沉，天空染上了深黃色的色調。拉長了身影，大大小小風箏，離開了淡藍色畫布。踏上歸途的路程裡，我再度行經過港隧道，頭頂上依然有好多美麗的魚，悠閒自在的竄遊。不忘本質，是這趟旅程中品嘗到的，最美味的佳餚。

圖繪
菜市場。

香草園

劉旭恭

作家檔案• 劉旭恭

一九七三年出生於台北石牌，一九九六年參加「陳璐茜手製繪本教室」後開始創作繪本，作品曾獲信誼幼兒文學獎第十四屆佳作及第十八屆首獎、二〇〇六年好書大家讀年度最佳少年兒童讀物。繪本作品有《貝殼化石》、《好想吃榴槤》、《阿公的光屁股》、《請問一下，踩得到底嗎？》、《謝謝妳，空中小姐！》、《一粒種籽》、《下雨的味道》、《小紙船》、《到烏龜國去》、《大家來送禮》、《五百羅漢交通平安》、《愛睡覺的小baby》和《橘色的馬》。

鳳山第一公有市場內的美食記憶

鄭敏聰

三十五年前的美食，讓我想起唸小學的我，在中午休息時刻，跑到菜市仔內小吃攤前，吃一碗肉燥飯配蝦丸湯，然後再衝回去上課……那滋味至今難忘。

作家檔案◆鄭敏聰

鄭敏聰，筆名小雄，成功大學建築系博士候選人。自幼喜塗鴉，高中時開始畫漫畫投稿賺錢。大學唸的是畜牧，所以略懂養豬、養牛、養雞之知識。研究所轉移興趣進了東海大學建築研究所，於是開始玩起建築了，一路玩到念進博士班，專攻建築設計及文化資產保存，除在成大建築系及輔英科大任教外，也擔任高雄縣市古蹟審議委員，縱使如此，常常念念不忘的還是畫畫。我喜歡用簡單的線條描繪情、景訴說故事、諷刺人生。這張菜市仔的景像，是我深藏在內心的小時記憶，希望你們喜歡……。

梅花
岡山戲院
合作戲院

街角奶油香

周里津

作家檔案◆周里津

周里津，正港高雄人，前鎮高中美術班後，大葉視傳肄業，二〇〇八年畢業於台灣師範大學設計研究所。擔任過聯合晚報美編，繪製平日新聞插畫以及週末經濟版插畫，其後去瑞典HDK（Gothenburg University）學兒童產品設計。現為只想接有趣案子的SOHO插畫和設計人，覺得理財是人生中一件十分重要的事情，白天從事股市看盤的助理分析師。

黃昏市場開始時，
一對夫妻是大廚，
兄弟姐妹下課後，
找零 打包 和微笑。
黃興陽明路口處，
雞蛋糕和紅豆餅，
街角幸福奶油香。

p.s 雞蛋糕攤現已開成店面，
位置在陽明路
愛國超商對面。

紅豆餅 雞蛋糕

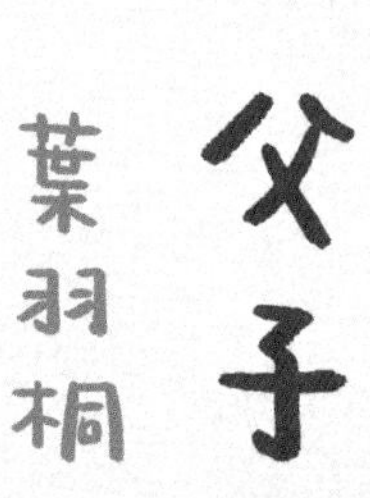

父子

葉羽桐

小時候父親總是在辛苦工作之後
帶年幼的我去品嚐老家樓下的排骨酥麵，
直到現在，隻身前往台北工作的我，
每當回到家鄉；
仍不忘去品嚐那充滿回憶的味道，
那是我和父親共同的回憶。

作家檔案◆葉羽桐

水墨漫畫家，目標藉由漫畫畫出東方的神祕感和意象。相關作品：《烈士》（自行出版）、《多情劍》（推守文化出版）、《小貓》（明日工作室出版）、《為日本祈福畫卡》明信片（明日工作室出版）。

老李排骨

哈囉市場

劉彤渲

那個曾經HELLO！HELLO！聲不絕的市場，在時間裡，已被賣菜賣肉的吆喝給淹沒……

作家檔案◆劉彤渲

迷戀於，用手繪的人生，發現世界所有美好角落；暈眩在，用滋潤的雜想，拼湊生活各個不同視野。染渲插畫用色彩，讓所有人慢慢上癮。

上癮基地：http://www.wretch.cc/blog/ton3388

HELLO MARKET
HELLO
HELLO
HELLO
HELLO
HELLO
HELLO
HELLO
HELLO
HELLO
HELLO
HELLO

黃昏市場

馬里斯

自己有時也想不到，我會熱愛廚藝在廚房裡做出的每道菜，跟平常的創作的感覺、直覺是相連的。

小時候，外公是在市場賣豬肉，所以我對市場的環境不陌生。小學中午放學時，就直奔菜市場找外公。時代環境的進步，生鮮超市、大賣場如此便利，但我還是喜歡菜市場那種情感——沒過度包裝，時間鮮度只靠嗅覺、直覺的經驗，當然還有很多殺價的好處，市場是我新鮮美味指標。

市場就像我尋寶的一個島，要讓菜色多美味、豐富，跑一趟就知道。

作家檔案◆馬里斯

馬里斯先生，高雄人。為了考驗自己的勇氣和定力，成為街頭藝人在愛河擺攤畫畫。相信透過創作，可以為每個人的生活帶來快樂。無論多困難仍要堅持夢想，期望讓「兩歲到八十歲的人都喜歡我的畫」、「讓全世界的人看到我的畫」。

馬里斯部落格：http://www.streetvoice.com/malis

武廟路攤販臨時集中場
上鵝園鵝肉
加盟．批發
TEL:585233
武廟攤販市場

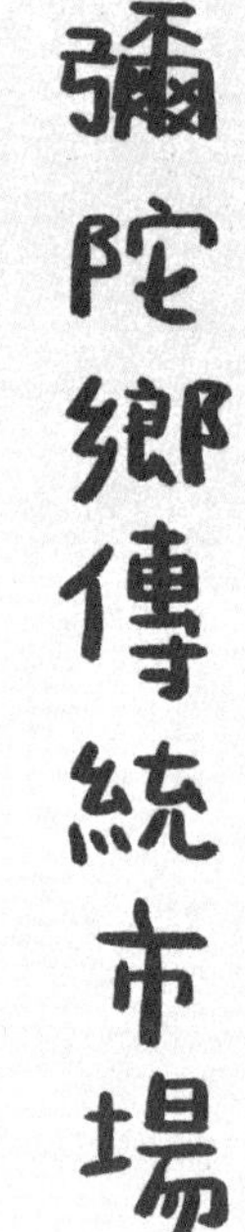

不達景

彌陀鄉小漁村是虱目魚養殖魚塭最多的地方，盛產虱目魚丸與黑輪伯賣的黑輪，是當地傳統小吃在地味，也是童年的記憶。

傳統菜市場有著每個人童年回憶點滴，我喜歡跟著媽媽，拉著她的衣裙逛菜市場。菜市場對我來說就像生態園區一般，有海陸空的生禽、游的、飛的、跑的，小小年紀的我對海洋以及動物的知識、新鮮事都是來自菜市場裡的。這樣的觸動是孩時的我探索好奇心的好地方，我愛傳統菜市場！

作家檔案◆不達景

在台灣畫畫，畫畫畫出夢幻國度，畫畫畫出安心步子。我喜歡有溫度的插畫作品，我喜歡付出愛與更喜歡被愛，我用自己的方式，做自己理所當然在做的事。畫讓我有空間享受獨處，繪畫也讓我主宰著我要的國度。成為創造者，想像力確實是我的超能力。簡單的概念，用愛幸福窩心，來創作讓人能平靜心靈的作品。我是不達景，我繪，我只繪的事。二○○一年出版圖文繪本《ㄒㄩㄒㄩ與ㄅㄅ》及筆記書四本，二○○二年出版圖文繪本《貓澤東》（華文網），二○○五年出版圖文繪本《愛情火柴盒》（大塊文化）。

3
合格
虱目魚

自助新村的上坡小菜市場

萬歲少女

記得小時候常常跟外婆去菜市場，這個位於自助新村的小菜市場裡什麼都有，魚肉青菜或是一般的日常用品都十分齊全，是當時海軍眷村裡最主要的菜市場，由於它位於上坡附近，所以我們都叫他「上坡小菜市場」。

一入市場的左手邊，曾經是一間雜貨店，外婆總會買些胡麻醬回家好做麻醬麵或是涼拌海蜇皮，濃濃的麻醬香配合著外婆特製的醬汁，那是我童年對麻醬的美好印象，再往小菜市場裡面走些，右手邊的那間雜貨店，有賣我最愛吃的泡菜，很大的一個玻璃缸裡裝滿了老闆自已醃漬的白菜和紅白蘿蔔，再加上辣椒和小黃瓜，光看顏色就好讓人流口水，我們總是買上滿滿地一大袋，再跟老闆多要些菜汁，好回家用那菜汁自己也泡上一小缸。對這小小的菜市場的回憶還不只這些，外公下班經過小菜市場會買養樂多回來給我們，或是中午的飯不夠了，老媽就去買些山東饅頭和花捲，我總喜歡跟著去，看老闆從蓋著厚棉被的木箱裡拿出白胖的饅頭，好像變魔術似的，上坡的小菜市場真的是一個很了不起的地方呢，那時的我這樣想著。

這些對「上坡小菜市場」的回憶如今依然很清晰，隨著時間流逝以及眷村改建，小菜市場已逐漸冷清，回憶裡的胡麻醬、饅頭和泡菜也只能往別處去尋找類似的滋味了。

作家檔案◆萬歲少女

自由時報、聯合報圖文專欄作者，二〇〇八年獲頒《講義雜誌》年度插畫家。出版：《神奇神奇衛生妹》、《飛機·火箭·草莓捲》、《真的好舒服》、《萬歲少女萬萬歲》、《原來我不孤單》、《出走萬歲，少女不敗》。

神祕的地瓜

小蘑菇

小蘑菇工作室的門外，有個小花圃。是當初我用磚頭砌起來的，很簡單的花圃。我並非園藝高手，只是喜歡每天到工作室進門前、或望向門外時，都能看到一片小小的綠意。

除了四季常青的植物之外，隨著節令再多放些當季的草花，就是一番新的風景~而薄荷、甜橘、香茅、迷迭香，隨手摘來，平日泡茶時就是最新鮮的香草！有時大雨過後，小花圃還會長出「真的」小蘑菇送我當禮物呢。只可惜這禮物我只敢看，不敢吃啊~

每日澆花時，小蘑菇都會跟花花草草說說話：「你開花了耶！好可愛喔！」「長新芽囉，要好好長大喔！」，沒有特意的施肥照顧，但小花圃也這樣生意盎然的渡過了四、五個年頭。也許花花草草們，都聽懂我的心意。

一日照常為小花圃澆花，突然發現了兩團土色的東西：「這是什麼？昨天沒有啊？」蹲下湊近仔細看，原來是——地瓜！「是誰把地瓜擺在這兒呢？」小蘑菇納悶著，繼續澆花。

隔天發現，地瓜長綠芽了。過了幾天，青綠的地瓜葉長得好茂盛！小花圃也變得更蔥綠更熱鬧了！生長力非常旺盛的地瓜葉，在小花圃裡似乎十分開心，它們不斷長大、越長越多，多到快要擋住門口了！這樣也不是辦法呀……於是隔天早上，小蘑菇決定體驗一下菜農收成的樂趣，摘了滿滿一籃的有機地瓜葉，中午加菜囉！只是，滿滿一籃的地瓜葉，下水燙過後只剩下一碗不到、非常迷你的份量……哈，看來下一次想吃自己種的有機地瓜葉，還要再等一兩週囉！

過了好久，一天小蘑菇澆花時遇到對面喜愛園藝的鄰居，這才發現原來地瓜是她送來的禮物呀！

作家檔案◆**小蘑菇**

從小就愛畫畫、愛圖畫書。大學念平面設計，也從插畫課接觸到插畫。做了幾年設計的工作之後，到英國Brighton實現了念插畫的夢想。除了畫圖之外，旅行、音樂、咖啡、紅酒與一直支持她的家人，都是她的最愛。作品曾獲選為信誼幼兒文學獎第12、13、18屆圖畫書創作佳作。出版的圖畫書與插畫作品包括《星星貪玩》、《小小哭霸王》、《真假小珍珠》、《我自己玩》等等，也與Double A公司長期合作，設計一系列的小蘑菇筆記本與文具用品。現在，幾乎所有的時間都待在工作室「小蘑菇畫室」裡，除了畫圖之外也為自有品牌「小蘑菇」設計新商品，希望能不斷有新的創作誕生！

部落格：www.wretch.cc/blog/yvonneyen417

高雄市の市場地圖
2011 OCT.

草茶

地圖繪者檔案◆**林建志**

在彰化八卦山山仔腳誕生。生命的三分之一投入NGO，三分之一畫畫搞創意，三分之一在作夢。現時居住台南，專於繪圖設計工作。

攝影者檔案◆**盧昱瑞**

盧昱瑞，高雄人，是紀錄片工作者，但也喜歡四處拍照。近年來耽溺於用影像來紀錄高雄海邊形色生活人文面貌。

視覺設計者檔案◆**黃裴文**

一九八三年出生於彰化，現為自由設計師。平日關注設計、建築與文化，閒暇書寫。

國家圖書館出版品預行編目資料

我和我家附近的菜市場：高雄．人文．旅遊與美食 / 王希成等文字.
-- 初版. -- 高雄市：高市文化局, 2011.11 面； 公分
ISBN 978-986-03-0531-9（平裝）

1. 市場 2. 高雄市
498.7 100025506

我和我家附近的菜市場
高雄．人文．旅遊與美食

文　　字｜王希成 等
攝　　影｜盧昱瑞
地　　圖｜林建志

出 版 者｜高雄市政府文化局
發 行 人｜史哲
企劃督導｜劉秀梅、郭添貴、潘政儀、陳美英
行政企劃｜林美秀
地　　址｜802 高雄市苓雅區五福一路67號
電　　話｜07-2225136 傳　　真｜07-2288814
網　　址｜www.khcc.gov.tw

編輯承製｜印刻文學生活雜誌出版有限公司
總 編 輯｜初安民
編輯企劃｜田運良、林瑩華
視覺設計｜黃裴文
地　　址｜235 新北市中和區中正路800號13樓之3
電　　話｜02-22281626 傳　　真｜02-22281598
網　　站｜www.sudu.cc

總 經 銷｜成陽出版股份有限公司
電　　話｜03-2717085 傳　　真｜03-3556521
郵政劃撥｜19000691 成陽出版股份有限公司

共同出版 高雄市政府文化局 Bureau of Cultural Affairs Kaohsiung City Government

印刻文學生活誌

初版一刷 2011年11月
定價 280元

ISBN 978-986-03-0531-9
GPN 1010004244